Mitteilungen über Forschungsarbeiten.

Die bisher erschienenen Hefte enthalten:

Heft 1.

Bach: Untersuchungen über den Unterschied der Elastizität von Hartguß (abgeschrecktem Gußeisen) und von Gußeisen gewöhnlicher Härte.

--, Zur Frage der Proportionalität zwischen Dehnungen und Spannungen bei Sandstein.

—, Versuche über die Abhängigkeit der Festigkeit und Dehnung der Bronze von der Temperatur.

—, Versuche über das Arbeitsvermögen und die Elastizität von Gußeisen mit hoher Zugfestigkeit.

—, Versuche über die Druckfestigkeit hochwertigen Gußeisens und über die Abhängigkeit der Zugfestigkeit desselben von der Temperatur.

—, Untersuchung über die Temperaturverhältnisse im Innern eines Lokomobilkessels während der Anheizperiode.

Heft 2. vergriffen.

Stribeck: Kugellager für beliebige Belastungen.

Göpel: Die Bestimmung des Ungleichförmigkeitsgrades rotierender Maschinen durch das Stimmgabelverfahren.

Holborn und **Dittenberger:** Wärmedurchgang durch Heizflächen.

Lüdicke: Versuche mit einem Lufthammer.

Heft 3. vergriffen.

Meyer: Untersuchungen am Gasmotor.

Martens: Zugversuche mit eingekerbten Probekörpern.

Werkzeugstahl-Ausschuß Schnelldrehstahl.

Heft 4.

Bach: Versuche über die Abhängigkeit der Zugfestigkeit und Bruchdehnung der Bronze von der Temperatur.

Lindner: Dampfhammer-Diagramme.

Bach: Eine Stelle an manchen Maschinenteilen, deren Beanspruchung aufgrund der üblichen Berechnung stark unterschätzt wird.

Körting: Untersuchungen über die Wärme der Gasmotorenzylinder.

Claaßen: Die Wärmeübertragung bei der Verdampfung von Wasser und von wässrigen Lösungen.

Heft 5.

Bach: Die Elastizität der an verschiedenen Stellen einer Haut entnommenen Treibriemen.

Staus: Beitrag zur Wärmebilanz des Gasmotors.

Pfarr: Bremsversuche an einer New American-Turbne.

Bach: Zur Frage des Wärmewertes des überhitzten Wasserdampfes.

Heft 6. vergriffen.

Schröder: Versuche zur Ermittlung der Bewegungen und Widerstandsunterschiede großer gesteuerter und selbsttätiger federbelasteter Pumpen-Ringventile.

Westberg: Schneckengetriebe mit hohem Wirkungsgrade.

Frahm: Neue Untersuchungen über die dynamischen Vorgänge in den Wellenleitungen von Schiffsmaschinen mit besonderer Berücksichtigung der Resonanzschwingungen.

Heft 7. vergriffen.

Stribeck: Die wesentlichen Eigenschaften der Gleit- und Rollenlager.

Schröter: Untersuchung einer Tandem-Verbundmaschine von 1000 PS.

Austin: Ueber den Wärmedurchgang durch Heizflächen.

Heft 8.

Langen: Untersuchungen über die Drücke, welche bei Explosionen von Wasserstoff und Kohlenoxyd in geschlossenen Gefäßen auftreten.

Meyer: Untersuchungen am Gasmotor.

Heft 9.

Lasche: Die Reibungsverhältnisse in Lagern mit hoher Umfangsgeschwindigkeit.

Dittenberger: Ueber die Ausdehnung von Eisen, Kupfer, Aluminium, Messing und Bronze in hoher Temperatur.

Bach: Die Elastizitäts- und Festigkeitseigenschaften der Eisensorten, für welche nach dem vorhergehenden Aufsatz die Ausdehnung durch die Wärme ermittelt worden ist.

—, Versuche zur Klarstellung der Verschwächung zylindrischer Gefäße durch den Mannlochausschnitt.

Heft 10.

Günther: Verfahren zur Gewinnung von Kupfer und Nickel aus kupfer- und nickelhaltigen Magnetkiesen.

Grübler: Versuche über die Festigkeit von Schmirgel- und Karborundumscheiben.

Klein: Reibungsziffern für Holz und Eisen.

Heft 11.

Schmidt: Untersuchungen über die Umlaufbewegung hydrometrischer Flügel.

Bach und **Roser:** Untersuchung eines dreigängigen Schneckengetriebes.

Frank: Neuere Ermittlungen über die Widerstände der Lokomotiven und Bahnzüge mit besonderer Berücksichtigung großer Fahrgeschwindigkeiten.

Bach: Abhängigkeit der Wirksamkeit des Oelabscheiders von der Beschaffenheit des den Dampfzylindern zugeführten Oeles.

Heft 12.

Lewicki: Die Anwendung hoher Ueberhitzung beim Betrieb von Dampfturbinen.

Heft 13.

Grießmann: Beitrag zur Frage der Erzeugungswärme des überhitzten Wasserdampfes und sein Verhalten in der Nähe der Kondensationsgrenze.

Diegel: Der Einfluß von Ungleichmäßigkeiten im Querschnitte des prismatischen Teiles eines Probestabes auf die Ergebnisse der Zugprüfung.

Schimanek: Versuche mit Verbrennungsmotoren.

Stribeck: Der Warmzerreißversuch von langer Dauer. Das Verhalten von Kupfer.

Heft 14 bis 16. vergriffen.

Berner: Die Erzeugung des überhitzten Wasserdampfes.

Heft 17.

Meyer: Versuche an Spiritusmotoren und am Diesel-Motor.

Pfarr: Bremsversuche an einer Radialturbine.

Bach: Versuche mit Granitquadern zu Brückengelenken.

Heft 18.

Schlesinger: Die Passungen im Maschinenbau.

Brauer: Leistungsversuche an Linde-Maschinen.

Büchner: Zur Frage der Lavalschen Turbinendüsen.

Heft 19.

Schröter und **Koob:** Untersuchung einer von Van den Kerchove in Gent gebauten Tandemmaschine von 250 PS.

Gutermuth: Versuche über den Ausfluß des Wasserdampfes.

—, Die Abmessungen der Steuerkanäle der Dampfmaschinen.

Strahl: Vergleichende Versuche mit gesättigtem und mäßig überhitztem Dampf an Lokomotiven.

Heft 20.

Bach: Versuche mit Sandsteinquadern zu Brückengelenken.

Stahl: Untersuchung des Auslaufweges elektrischer Aufzüge.

Heft 21.

Berner: Die Fortleitung des überhitzten Wasserdampfes.

Knoblauch, Linde, Klebe: Die thermischen Eigenschaften des gesättigten und des überhitzten Wasserdampfes zwischen 100° und 180° C. 1. Teil.

Linde: Die thermischen Eigenschaften des gesättigten und des überhitzten Wasserdampfes zwischen 100° und 180° C. II. Teil.

Lorenz: Die spezifische Wärme des überhitzten Wasserdampfes.

Mitteilungen

über

Forschungsarbeiten

auf dem Gebiete des Ingenieurwesens

insbesondere aus den Laboratorien
der technischen Hochschulen

herausgegeben vom

Verein deutscher Ingenieure.

Heft 68.

1909
Springer-Verlag Berlin Heidelberg GmbH

ISBN 978-3-662-01695-4   ISBN 978-3-662-01990-0 (eBook)
DOI 10.1007/978-3-662-01990-0

Inhalt.

———

Verluste in den Schaufeln von Freistrahldampfturbinen.

Von **Nikolai Briling.**

Einleitung.

Lange Zeit hindurch hat die Dampfmaschine als die einzig zuverlässige Vorrichtung gegolten, durch die sich die im Dampfkessel aufgespeicherte Energie in mechanische Arbeit umsetzen läßt. Die von Theorie und Praxis zur Erhöhung des Wirkungsgrades dieser Maschine eingeschlagenen Wege haben zur Anwendung hoher Ueberhitzung, eines möglichst hohen Vakuums und zu Konstruktionen in großen Einheiten geführt. Alle diese Aufgaben sind von der heutigen Technik mit Erfolg gelöst worden: die Dampfmaschine steht jetzt hart an der Grenze ihrer Entwicklungsfähigkeit. Unwillkürlich sucht denn das Auge des Konstrukteurs neue Formen, verfolgt neue Ziele, um den von der Industrie gestellten Anforderungen im Sinne geringer Herstellungskosten, gedrängter Bauart und hoher Wirtschaftlichkeit genügen zu können.

Eine Maschine, die all dem in hohem Maße entspricht, ist die Dampfturbine. Das Herz dieser Kraftmaschine sind Leitrad und Laufrad, von deren zweckmäßiger Gestaltung in der Hauptsache auch der Wirkungsgrad abhängt. Während die Frage der richtigen Bauart des Leitrades und im engeren Sinne der Düse augenblicklich die allgemeine Aufmerksamkeit auf sich lenkt, ist die andre, nicht minder wichtige Frage der richtigen Dampfschaufel mit Ausnahme der Versuche von Banki, der den Verlustkoeffizienten in der Schaufel als Funktion der Dampfgeschwindigkeit aufzustellen suchte, in der technischen Literatur noch unberührt geblieben. Bankis Versuche sind jedoch so begrenzt, daß man das von ihm aufgestellte Gesetz über die Veränderlichkeit des Geschwindigkeitkoeffizienten ψ noch nicht als erwiesen ansehen kann. Obgleich Stodola, wie es scheint, dem Diagramm von Banki beistimmt, so gibt er doch zu, daß es ihm durch Versuche bisher nicht gelungen ist, die Zunahme des Koeffizienten ψ bei abnehmenden Geschwindigkeiten nachzuweisen, weshalb er auch rät, ihn als unveränderlich und unabhängig von der Geschwindigkeit anzusehen. Andre Faktoren, die ψ beeinflussen könnten, sind dabei gar nicht berührt worden, wiewohl man schon im voraus mit Bestimmtheit sagen kann, daß sie zahlreich auftreten, und daß ihr Einfluß nicht übersehen werden darf.

Die vorliegende Untersuchung stellte sich als Ziel die Aufgabe, all die Ursachen zu verfolgen, die die Verluste im Laufrade bedingen, die Abhängigkeit der Größe ψ von diesen Einflüssen zu bestimmen, und endlich die Frage zu lösen, wie eine Dampfschaufel gebaut sein und unter welchen Bedingungen sie arbeiten muß, damit die Reibungsverluste möglichst klein ausfallen. Da diese Frage nun sehr verwickelt ist, so mußte sie auf die Untersuchung nur einer Art Schaufeln begrenzt werden: auf die einer Freistrahlturbinenschaufel bei ihrer Arbeit unter der Schallgeschwindigkeit. Die letztere Einschränkung wird noch dadurch befürwortet, daß fast alle vielstufigen Tnrbinen außer der A. E. G.-Turbine die kritische Geschwindigkeit nicht überschreiten.

Indizierter Wirkungsgrad.

Es möge Dampf, dessen Zustand durch den Druck p_1 und die Temperatur t_1 oder das spezifische Volumen v_1 gegeben sei, auf den Druck p expandieren. Dann ist die diesem Druckunterschied entsprechende theoretische, reibungsfreie Geschwindigkeit:

$$c_0 = \sqrt{2g \frac{\varkappa}{\varkappa-1} p_1 v_1 \left[1 - \left(\frac{p}{p_1}\right)^{\frac{\varkappa-1}{\varkappa}}\right]} \quad \ldots \ldots \quad (1).$$

In Wirklichkeit wird sie infolge der Verluste im Leitrad bezw. in der Düse kleiner sein. Die wirkliche oder effektive Geschwindigkeit wird sein:

$$c_1 = \varphi\, c_0 \ldots \ldots \ldots \ldots \quad (2),$$

wobei φ der Geschwindigkeitkoeffizient ist.

Der aus dem Leitrad unter dem Winkel α_0 gegen die Drehungsebene des Laufrades austretende Dampf trifft auf die mit der Umfanggeschwindigkeit u umlaufenden Dampfschaufeln, Fig. 1. Aus dem bekannten Geschwindigkeits-

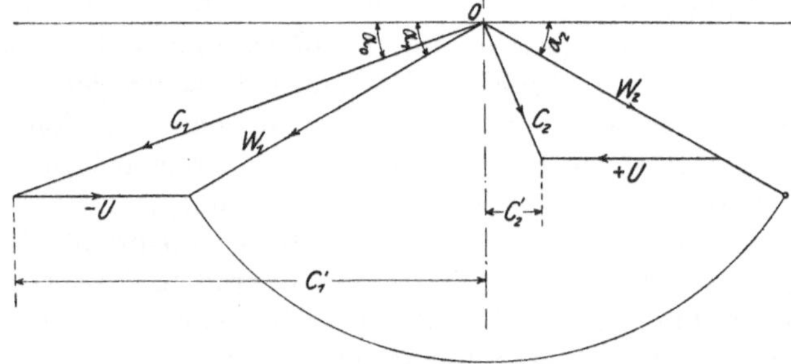

Fig. 1.

dreieck findet man zunächst den Winkel α_1, unter dem die Schaufel gebogen sein muß, damit der Eintritt stoßfrei geschieht, und ferner die relative Dampfgeschwindigkeit in der Schaufel. Beim Durchströmen der Schaufel verliert der Dampf einen Teil seiner Geschwindigkeit und verläßt sie — ihr Austrittwinkel sei α_2 — mit der relativen Geschwindigkeit

$$w_2 = \psi\, w_1 \ldots \ldots \ldots \ldots \quad (3),$$

wobei ψ der Geschwindigkeitkoeffizient beim Durchströmen des Dampfes durch den Schaufelkanal ist. Durch Zusammensetzung dieser Geschwindigkeit mit der Umfanggeschwindigkeit u erhält man die absolute Austrittgeschwindigkeit c_2 aus dem Laufrade. Folglich sind die Verluste im Leitrade für 1 kg Dampf:

$$(1 - \varphi^2)\, \frac{c_0^2}{2g} \ldots \ldots \ldots \ldots \quad (4),$$

im Laufrade:

$$(1 - \psi^2)\, \frac{w_1^2}{2g} \ldots \ldots \ldots \ldots \quad (5),$$

und die indizierte, d. h. die den Dampfschaufeln zugeführte, auf 1 kg Dampf bezogene Arbeit:

$$L_i = \varphi^2\, \frac{c_0^2}{2g} - (1 - \psi^2)\, \frac{w_1^2}{2g} - \frac{c_2^2}{2g} \ldots \ldots \ldots \quad (6).$$

Nach dem Prinzip des »Antriebes« kann diese indizierte Arbeit auch ausgedrückt werden durch

$$L_i = \frac{1}{g}\,(c_1' + c_2')\,u \quad \ldots \ldots \ldots \ldots \quad (7).$$

Hierbei sind c_1' und c_2', die Projektionen in bezug auf die u-Richtung der absoluten Dampfgeschwindigkeit beim Eintritt in das Laufrad und beim Austritt aus ihm:

$$c_2' = w_2 \cos \alpha_2 - u = \psi\,w_1 \cos \alpha_2 - u$$

oder

$$c_2' = \psi\,w_1 \cos \alpha_1 \frac{\cos \alpha_2}{\cos \alpha_1} - u \quad \ldots \ldots \ldots \quad (8),$$

und nach Einsetzen von

$$c_1 \cos \alpha_0 - u \text{ für } w_1 \cos \alpha_1:$$

$$c_2' = \psi\,(c_1 \cos \alpha_0 - u)\,\frac{\cos \alpha_2}{\cos \alpha_1} - u \quad \ldots \ldots \ldots \quad (9).$$

Die Größe c_1' kann ausgedrückt werden:

$$c_1' = c_1 \cos \alpha_0 \quad \ldots \ldots \ldots \ldots \quad (10).$$

Setzt man die Gl. (8) und (10) in (7) ein, so ergibt sich

$$L_i = \left(1 + \psi\,\frac{\cos \alpha_2}{\cos \alpha_1}\right)(c_1 \cos \alpha_0 - u)\,\frac{u}{g} \quad \ldots \ldots \quad (11).$$

Die ganze verfügbare Arbeit aber ist

$$L_0 = \frac{c_0{}^2}{2\,g} = \frac{c_1{}^2}{2\,g\,\varphi^2} \quad \ldots \ldots \ldots \ldots \quad (12).$$

Hieraus folgt der indizierte Wirkungsgrad:

$$\eta_i = \frac{L_i}{L_0} = 2\,\varphi^2\left(1 + \psi\,\frac{\cos \alpha_2}{\cos \alpha_1}\right)\left(\cos \alpha_0 - \frac{u}{c_1}\right)\frac{u}{c_1} \quad \ldots \ldots \quad (13).$$

Nimmt man $\alpha_1 = \alpha_2 = \alpha$ an, so wird:

$$\eta_i = 2\,\varphi^2\,(1 + \psi)\left(\cos \alpha_0 - \frac{u}{c_1}\right)\frac{u}{c_1} \quad \ldots \ldots \ldots \quad (14).$$

Bei unveränderlichem α_0 hängt der Wirkungsgrad nur von dem Verhältnis $\frac{u}{c_1}$ ab, und zwar unter der Voraussetzung, daß der Winkel α sich mit u so verändert, daß der Eintritt immer stoßfrei geschieht. η_i wird bei:

$$\frac{u}{c_1} = \tfrac{1}{2}\cos \alpha_0 \quad \ldots \ldots \ldots \ldots \quad (15)$$

zu einem Höchstwert:

$$\eta_{i\,\mathrm{max}} = \varphi^2\,\frac{1 + \psi}{2}\cos^2 \alpha_0 \quad \ldots \ldots \ldots \quad (16).$$

Nimmt man an, daß keine Verluste in der Düse auftreten und daß die Zustandänderung nach der Adiabate vor sich geht, so ist $\varphi = 1$ und

$$\eta_{i\,\mathrm{max}} = \frac{1 + \psi}{2}\cos^2 \alpha_0 \quad \ldots \ldots \ldots \quad (17).$$

Die Summe der gesamten Verluste aber:

$$L_z = (1 - \varphi^2)\frac{c_0{}^2}{2\,g} + (1 - \psi^2)\frac{w_1{}^2}{2\,g} + \frac{c_2{}^2}{2\,g} \quad \ldots \ldots \quad (18)$$

wird bei unveränderlichem Druck in Wärme umgesetzt und erhöht die potentielle Energie in der nächsten Stufe. Folglich kann ein Teil der in der vorhergehenden Kammer einer vielstufigen Turbine verloren gegangenen Energie in der nachfolgenden ausgenutzt werden — natürlich nicht die ganze Energie, denn der Prozeß hat eine Zunahme der Entropie zur Folge, so daß also ein Teil der Energie vollständig verloren geht. Dies ist aus dem Wärmediagramm leicht ersichtlich.

Wie sich aus Gl. (16) ergibt, hängt der Wirkungsgrad einer Turbine von 3 Größen ab:

von dem Winkel α_0, unter dem die Düse gegen das Laufrad steht,
von dem Geschwindigkeitkoeffizienten φ im Leitrad und
dem Geschwindigkeitkoeffizienten ψ im Laufrade.

Versuchsverfahren.

Das hier angewendete Verfahren ist dasselbe, das Hr. Prof. E. Lewicki seinen Untersuchungen über die Verluste in den Düsen, abhängig von der Veränderung der Temperatur zugrunde gelegt hat; nur die Art der theoretischen Berechnung der hier zu bestimmenden Verluste ist eine andre.

Der aus der Düse mit der Geschwindigkeit c_1 ausströmende Dampfstrahl stößt auf eine senkrecht zu ihm in einer gewissen Entfernung von der Düsenmündung stehende Platte und bricht sich an ihr unter einem Winkel von 90°, indem er in dieser Richtung seine ganze Geschwindigkeit verliert. Die Reaktion R der Platte wird genau gleich der Bewegungsgröße $m\,c_1$, die der Dampf beim Verlassen der Düse besitzt. Dies freilich unter der Voraussetzung, daß der Dampf wirklich unter 90° von der Platte abprallt und daß dabei der Luftwiderstand ohne merklichen Einfluß ist.

Ferner ist von vornherein klar, daß eine Abkülung nicht auftreten kann, oder genauer, daß ihr Einfluß verschwindend klein ist, da ja der Wärmeübergangkoeffizient von Luft und überhitztem Dampf sehr gering ist. Dies um so mehr, als die Berührungsdauer des Strahles mit der Luft hier nur $^1/_{1000}$ sk beträgt.

Weiterhin ist noch zu bedenken: Wenn die Platte der Wage zu dünn wäre, so würde der abfließende Dampf die auf der Rückseite a der Platte,

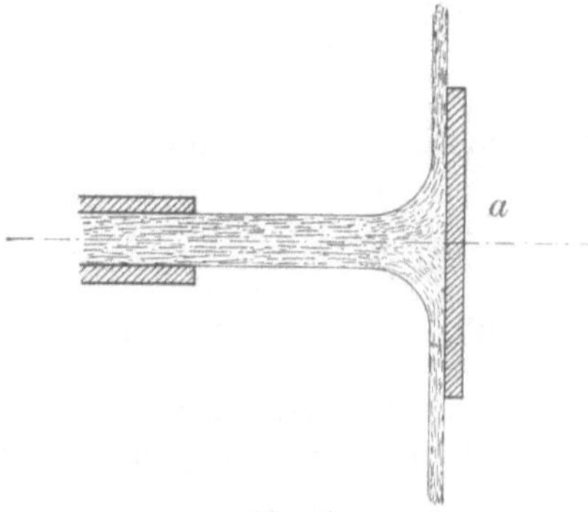

Fig. 2.

Fig. 2, befindliche Luft mit sich reißen und an dieser Stelle ein kleines Vakuum hervorrufen, das zu einem größeren Plattendruck führen müßte. Bei kleineren Geschwindigkeiten (50 bis 200 m/sk) ist das auf der Rückseite der Platte sich bildende Vakuum jedoch so gering, daß sein Einfluß auch bei einer dünnen Platte verschwindend klein ist. In der vorliegenden Untersuchung genügte eine Platte von 4 mm Stärke, da sich jener Einfluß auch bei den höchsten hier vorkommenden Geschwindigkeiten (400 m/sk) als unbedeutend erwies.

Ferner ist es wichtig, die richtige Entfernung zu wählen, in der die Platte von der Düsenmündung stehen muß. Im vorliegenden Falle betrug sie stets 50 mm. Bei größeren Entfernungen würde der Luftwiderstand bei kleineren Geschwindigkeiten einen merklichen Einfluß ausüben und der Geschwindigkeitkoeffizient φ kleiner ausfallen. Bei noch kleineren Abständen aber fällt dieser Koeffizient rasch, was wohl davon herrühren dürfte, daß sich in dem Raume zwischen Platte und Düsenmündung unter dem Einflusse der Saugwirkung des längs der Platte abströmenden Dampfes ein Vakuum bildet, wodurch der Reaktionsdruck stark herabgesetzt wird. Obgleich bei größeren Geschwindigkeiten (300 bis 400 m/sk) die günstigste Entfernung höher liegt — bei ungefähr 80 bis 100 mm —, so wurde sie doch unverändert bei jenen 50 mm beibehalten, da die φ-Werte zu hoch ausfallen. Diese Erscheinung dürfte wohl auf einen Rückprall des Dampfes von der Platte hindeuten.

Versuchseinrichtung I.

Hülfskessel.

Der in einem stehenden Schmidtschen Kessel gewonnene Dampf wurde in einen im Hörsale befindlichen kleinen Hülfskessel geleitet. Dieser diente als Dampfausflußgefäß, in dem der Dampfzustand mittels Thermometers und Manometers gemessen wurde, Fig. 3. Da der Dampf auf dem beträchtlichen Wege

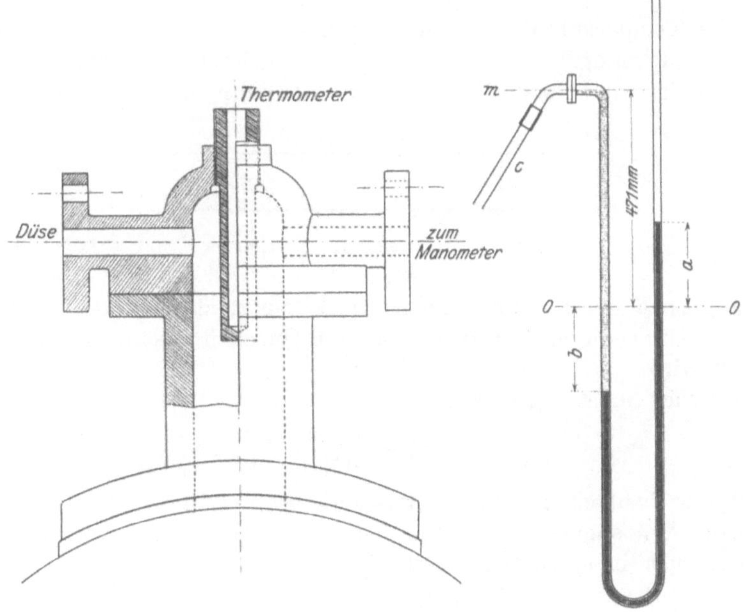

Fig. 3 und 4.

zwischen den beiden Kesseln seine Ueberhitzung verlor, so war der kleinere Hülfskessel mit einer besondern Gasheizung versehen, durch die sich die erwünschte Ueberhitzung wieder erzielen ließ. Der erforderliche Druck wurde durch ein sehr empfindliches Drosselventil eingestellt.

Temperaturmessung.

Die Temperatur wurde mit Hülfe eines gut geeichten, in einem Oelsacke stehenden Quecksilberthermometers bestimmt. Die Genauigkeit, mit der die Ablesungen erfolgen konnten, betrug 0,1° C.

Druckbestimmung.

Die kleineren Drücke wurden durch ein Wassermanometer, die größerei durch ein Quecksilbermanometer, dessen Abmessungen mittels Nonius bis au $^1/_{10}$ mm genau möglich waren, gemessen. Dieses Quecksilbermanometer wa mit dem Kessel durch ein Wasserstandglas c, Fig. 4, von $^1/_2$ Zoll Dmr. ver bünden, damit man sich davon überzeugen konnte, daß es nicht mit Dampf wasser gefüllt war. Mit dem Fallen der Quecksilbersäule im Knierohr b kon densiert sich der Dampf, und das Rohr b füllt sich mit Wasser bis zum Nivea m. Beim Sinken des Quecksilbers im Knierohr a wird dieses Wasser durcl das Wasserstandglas c wieder in den Kessel gestoßen, so daß also das Nivea m des Dampfwassers beständig dasselbe bleibt. Sind die Ablesungen auf de linken und rechten Seite gleich a und b, so hält die Quecksilbersäule $a +$ dem Kesseldruck p_1 und der Wassersäule $l = 471 + b$ das Gleichgewicht Folglich ist der Kesseldruck in mm Quecksilbersäule:

$$h = (a + b) - \frac{471 + b}{13,59} \quad \ldots \ldots \ldots \quad (19).$$

Dieser Wert muß noch auf den Temperaturunterschied umgerechnet werder Ist die Quecksilbersäule h bei der Temperatur t beobachtet, so ist ihre Höh bei einer Temperatur von 15^0:

$$h_{15} = h_t \left[1 - 1{,}62 \cdot 10^{-4} (t - 15) \right] \quad \ldots \ldots \quad (20).$$

Da die Temperatur des Versuchsraumes zwischen 20^0 und 30^0 schwankt und die Ausdehnungskoeffizienten von Quecksilber und Wasser in diese Grenzen wenig voneinander abweichen, so kann man h zwecks einfache

Zahlentafel 1.

t	Hg	H₂O
20^0 C	1,001792	1,001741
30^0 »	1,005393	1,00430

Berechnung nach Gl. (20) umrechnen, um so mehr, als diese kleine Ungenaui; keit bei der Umrechnung der Wassersäule in Quecksilbersäule noch um $13{,}59$ m; verkleinert wird.

Der Druck in at ergibt sich zu:

$$p_1 = \frac{(h + B)_{15}}{737,57} \quad \ldots \ldots \ldots \ldots \quad (21),$$

wobei B der beobachtete Barometerstand ist und die Zahl $737{,}57$ die ein technischen Atmosphäre bei 15^0 C entsprechende Quecksilbersäule darstel Der Kesseldruck in at ist schließlich:

$$p_1 = \frac{a + b - \dfrac{471 + b}{13,59} + B}{737,57} \left[1 - 1{,}62 \cdot 10^{-4} (t - 15) \right] \quad \ldots \ldots \quad (22)$$

und der Gegendruck:

$$p = \frac{B}{737,57} \left[1 - 1{,}62 \cdot 10^{-4} (t - 15) \right] \quad \ldots \ldots \ldots \quad (23).$$

Bestimmung des Reaktionsdruckes.

Die von Prof. E. Lewicki bei seinen Versuchen verwendete Wage konn hier infolge ihrer geringen Empfindlichkeit (10 g) nicht benutzt werden. Desha wurde eine neue Wage angefertigt, die eine Messung des Reaktionsdruckes b

zu einer Genauigkeit von 0,₁ g zuließ. Die Wage, Fig. 5, besteht aus einem
Gestell *a*, in dem der drehbare Schneidenhalter *b* senkrecht geführt ist und
mittels Stellschraube *c* festgestellt werden kann. Die auf *b* sitzenden Schneiden
stehen unter 30⁰ gegen die Senkrechten und sind dem ausströmenden Dampfe
zugeneigt. Auf ihnen ruht der unter 90⁰ gebogene Wagebalken *ed*. Er trägt
auf der einen Seite die Schale und auf der andern die Platte *d* aus Aluminium
von einem Dmr. von 150 mm. Auf dem Wagbalken ruht eine Wasserwage *f*,
deren wagerechte Stellung für die senkrechte Stellung der Platte *d* bürgt.
Im Knie des Wagbalkens sind zwei Messingrundstäbe mit Gewinde angebracht,
auf denen zylindrische Gewichte laufen. Mit Hülfe des wagerechten Lauf-

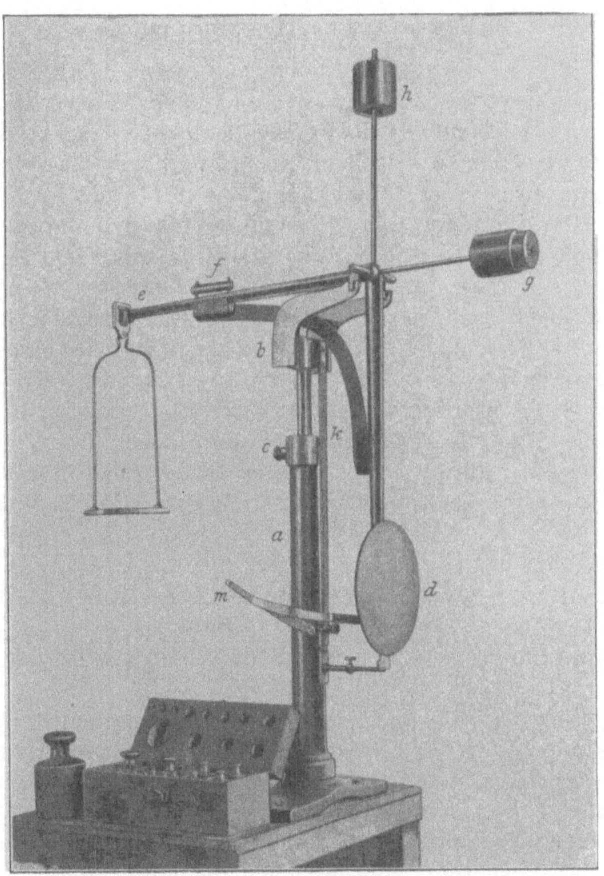

Fig. 5.

gewichtes *g* läßt sich die Platte *d* senkrecht einstellen — das andre, *h*, dient
dazu, der Wage eine gewünschte Empfindlichkeit zu geben, da sich beim Auf-
wärtsdrehen des Gewichtes der Schwerpunkt des ganzen Systemes den Stütz-
punkten nähert und die Empfindlichkeit infolgedessen zunimmt. Von *b* erstreckt
sich nach unten eine rechteckige Stabführung *k* für eine auf ihr gleitende
Skala *m*, an der der Ausschlag eines am Wagbalken *d* angebrachten Zeigers
abzulesen ist. Eine Stellung der Skala, wie sie hier gewählt ist, gestattet eine
bequeme Beobachtung, da der Raum in der Plattenebene mit abströmendem
Dampf erfüllt ist und die Ablesungen, würde die Skala in ihr liegen, sehr
erschweren müßte. Die Konstruktion der Wage ermöglicht eine rasche und

genaue Einstellung. Zunächst wird der zu untersuchenden Düse eine wagerechte Stellung durch entsprechende, schwache Drehung des Kessels in seinem Sitze mittels eines Hebels gegeben. Dann lockert man die Stellschraube c und richtet die Platte d der Wage mittels Winkels normal zur Düsenachse. Dabei ist darauf zu achten, daß der Mittelpunkt der Platte und die Achse der Düse zusammenfallen. Weiter wird die Führung b festgestellt und das Laufgewicht g entsprechend gedreht, bis die Wasserwage in ihre wagerechte und also die Platte d in ihre senkrechte Lage, d. h. rechtwinklig zur Düsenachse zu stehen kommt. Nach Einstellen der Skala m auf null gibt man der Wage schließlich die gewünschte Empfindlichkeit.

Theoretische Begründung.

Die erste bei einer Versuchsvornahme auftauchende Frage ist die, ob das gewählte Verfahren zuverlässig genug ist, und welche Ungenauigkeiten es in die Berechnungen bringen könnte. Um sich von der Brauchbarkeit des vorliegenden Verfahrens zu überzeugen, wurden zur Ermittlung der Düsenverluste zwei unabhängige Messungen: einmal mittels Kondensators und dann mittels Wage vorgenommen. Der Vergleich ihrer Ergebnisse mit den theoretischen, verlustfreien Berechnungen läßt auf die Richtigkeit des hier verfolgten Verfahrens schließen. Zur Bestimmung der Verluste mittels Kondensators wurde unmittelbar an die Düse ein konisches Ansatzrohr, Fig. 6, angeschraubt, in welchem der Gegendruck natürlich nicht mit dem atmosphärischen zusammenfällt, da zum Durchtreiben des Dampfes durch die Rohrwindungen des Kondensators ein gewisser Arbeitsaufwand erforderlich ist. Deshalb also muß der Druck im Ansatzrohr etwas größer sein als der atmosphärische, und zwar desto größer, je mehr Dampf aus der Düse strömt, entsprechend einer Drucksteigerung im Kessel. Der Druck im Ansatzrohr wurde mittels eines kleinen Wassermanometers gemessen.

Bezeichnet man mit

p_1 den Druck des Dampfes im Hülfskessel

t_1 die Temperatur des Dampfes im Hülfskessel

v_1 das spezifische Volumen des Dampfes im Hülfskessel

und mit

p, t, v die entsprechenden Größen des ausströmenden Dampfes in der Düsenmündung (bei Untersuchungen von Geschwindigkeiten unterhalb der Schallgeschwindigkeit fällt der Druck in der Düsenmündung mit dem Gegendruck zusammen.)

t_0, v_0 die entsprechenden Größen bei verlustfreiem Ausströmen des Dampfes

w_0 die Ausflußgeschwindigkeit nach der Adiabate

w die wirkliche oder effektive Geschwindigkeit

$\varphi = \dfrac{w}{w_0}$ den Geschwindigkeitskoeffizient

G das sekundliche Dampfgewicht

R den Strahldruck auf die Platte

F den engsten Düsenquerschnitt in qm,

so ist der Zuwachs an Bewegungsgröße gleich dem Antrieb der Kraft

$$R\,t = m\,(w - w') \quad . \quad . \quad . \quad . \quad . \quad . \quad . \quad (24).$$

Unter der Annahme, daß der Dampf unter einem rechten Winkel von der Platte abströmt, daß also $w' = 0$ und bei Berechnung des Antriebes der Kraft i. d. Sek. ergibt sich der Reaktiosdruck

$$R = m\,w \quad \ldots \ldots \ldots \ldots \quad (25);$$

m ist dargestellt durch

$$m = \frac{G}{g} = \frac{V\,\gamma}{g} = \frac{F\,w\,\gamma}{y} \quad \ldots \ldots \ldots \quad (26),$$

und da

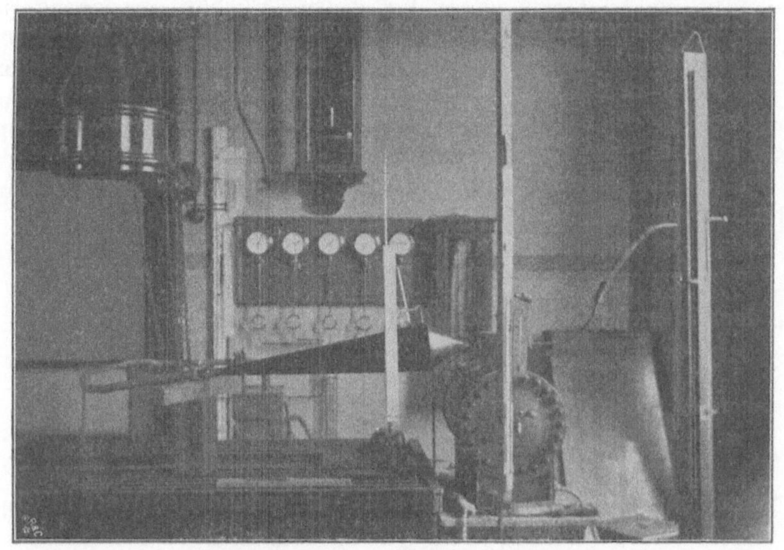

Fig. 6.

Fig. 7.

$$\gamma = \frac{1}{v},$$

so ist

$$m = \frac{F\,w}{v\,g} \quad \ldots \ldots \ldots \ldots \quad (27).$$

Dieser Wert in Gl. (25) eingesetzt führt zu

$$R = \frac{F\,w^2}{v\,g} \qquad \ldots \ldots \ldots \ldots \quad (28),$$

d. h. der Reaktionsdruck ist proportional dem Quadrat der Geschwindigkeit und dem Querschnitt — umgekehrt proportional dem spezifischen Volumen des austretenden Dampfes.

Aus Gl. (28) ist ersichtlich, daß die freiwerdende Wärme je nach den Verlusten eine Temperatursteigerung und somit ein Wachsen des spezifischen Volumens zur Folge hat — wodurch der Reaktionsdruck fällt. Somit gibt Gl. (28) ein Mittel an die Hand, die Verluste in der Düse zu berechnen. Diese Gleichung weist jedoch zwei Unbekannte w und v auf. Als zweite Bestimmungsgleichung kann die von Mollier zur Berechnung der Strömenergie des zwischen p_1 und p und entsprechendem v_1 und v und ihm entsprechenden i_1 und i befindlichen Dampfes aufgestellte Gleichung dienen

$$A\,\frac{w^2}{2\,g} = i_1 - i \ . \quad \ldots \ldots \ldots \quad (29),$$

oder da der Wärmeinhalt allgemein

$$i = A\,\frac{\varkappa}{\varkappa - 1}\,p\,v \quad \ldots \ldots \ldots \quad (30)$$

ist, so bekommt man

$$\frac{w^2}{2\,g} = \frac{\varkappa}{\varkappa - 1}\,(p_1\,v_1 - p\,v) \quad \ldots \ldots \quad (31).$$

Ermittelt man v aus Gl. (28) und setzt den gefundenen Wert in Gl. (31) ein

$$\frac{w^2}{2\,g} = \frac{\varkappa}{\varkappa - 1}\left(p_1\,v_1 - p\,\frac{F\,w^2}{R\,g}\right),$$

so erhält man

$$w = \sqrt{\frac{p_1\,v_1}{\frac{P}{g}\,\frac{F}{R} + \frac{\varkappa - 1}{2\,g\,\varkappa}}} \quad \ldots \ldots \ldots \quad (32),$$

kennt man also den Querschnitt der Düse, den Druck p_1 und den Gegendruck p, nimmt man $\varkappa$ zu 1,3 an und bestimmt das spezifische Volumen des im Ausflußkessel befindlichen Dampfes nach der Mollierschen Formel

$$v_1 = \frac{47\,T_1}{p_1} - \mathfrak{v} + 0{,}001 \quad \ldots \ldots \ldots \quad (33),$$

wobei T_1 die absolute Temperatur des Dampfes im Ausflußkessel ist, so läßt sich nach Gl. (32) die wirkliche oder effektive Geschwindigkeit des aus der Düse ausströmenden Dampfes bestimmen.

Aus Gl. (28) und (31) folgt

$$\frac{v}{v_1} = \frac{p_1}{p + \frac{\varkappa - 1}{\varkappa}\,\frac{R}{2\,F}} \quad \ldots \ldots \ldots \quad (34).$$

Nach Einsetzung des Zahlenwertes für $\varkappa$ ergibt sich

$$v = \frac{p_1\,v_1}{p + \frac{3}{26}\,\frac{R}{F}} \quad \ldots \ldots \ldots \quad (35),$$

wobei p und p_1 in at, R in kg, F in qcm.

Diese Gl. (35) dient zur Berechnung des spezifischen Volumens.

Würden in der Düse keine Verluste auftreten und folglich der Prozeß nach der Adiabate verlaufen, d. h. wäre

$$p\,v^{\varkappa} = p_1\,v_1^{\varkappa}$$

oder

$$\frac{v}{v_1} = \left(\frac{p_1}{p}\right)^{\frac{1}{\varkappa}} \quad \ldots \ldots \ldots \ldots \quad (36),$$

so ergibt sich aus dem Vergleich der Gl. (34) mit Gl. (36)

$$\frac{p_1}{p + \frac{\varkappa - 1}{\varkappa}\, \frac{R}{2\,F}} = \left(\frac{p_1}{p}\right)^{\frac{1}{\varkappa}}$$

und daraus der Reaktionsdruck

$$R = 2\,F\,\frac{\varkappa}{\varkappa - 1}\, p \left[\left(\frac{p_1}{p}\right)^{\frac{\varkappa - 1}{\varkappa}} - 1\right] \ldots \ldots \ldots \quad (37).$$

Für einen beliebigen, mit Verlusten verbundenen Prozeß wird dieser Ausdruck zu

$$R = 2\,F\,\frac{\varkappa}{\varkappa - 1}\, p \left[\left(\frac{p_1}{p}\right)^{\frac{n - 1}{n}} - 1\right] \ldots \ldots \ldots \quad (38),$$

wobei n der Exponent der Polytrope ist.

Für die adiabatische Zustandsänderung ergibt sich die Geschwindigkeit

$$w_0 = \sqrt{2\,g\,\frac{\varkappa}{\varkappa - 1}\, p_1\, v_1 \left[1 - \left(\frac{p}{p_1}\right)^{\frac{\varkappa - 1}{\varkappa}}\right]} \quad \ldots \ldots \ldots \quad (1).$$

Teilt man diese Gleichung durch Gl. (32), so wird der Geschwindigkeitskoeffizient

$$\varphi = \frac{w}{w_0} = \frac{1}{\sqrt{\left(\frac{\varkappa}{\varkappa - 1}\,\frac{2\,F}{R}\, p + 1\right)\left[1 - \left(\frac{p}{p_1}\right)^{\frac{\varkappa - 1}{\varkappa}}\right]}} \quad \ldots \ldots \quad (39),$$

wobei

    p_1 und p in at

    F in qcm

    R in kg.

Nach dieser Gleichung sind die Geschwindigkeitskoeffizienten berechnet worden.

Bezeichnet man den Ausdruck $\frac{\varkappa}{\varkappa - 1}\, 2\,F$ mit a, so folgt

$$\varphi = \frac{1}{\sqrt{\left(\frac{a\,p}{R} + 1\right)\left[1 - \left(\frac{p}{p_1}\right)^{\frac{\varkappa - 1}{\varkappa}}\right]}} \quad \ldots \ldots \ldots \quad (40).$$

Die entsprechende Temperatur des austretenden Dampfes ist

$$T = T_1 \left(\frac{p}{p_1}\right)^{\frac{n - 1}{n}},$$

wobei sich n aus der Gleichung

$$n = \frac{\log p_1 - \log p}{\log v - \log v_1} \quad \ldots \ldots \ldots \ldots \quad (41)$$

bestimmen läßt.

Nach der Mollierschen Zustandsgleichung

$$v = \frac{R\,T}{P} - \mathfrak{v} + 0{,}001$$

wird

$$t = (v - 0{,}001 + \mathfrak{v})\,\frac{R}{T} - 273 \quad \ldots \ldots \ldots \quad (42).$$

Zur Berechnung der Werte von φ auf Grund der Kondensatwägung folgt aus der Kontinuitätsgleichung

$$G\,v = F\,w \quad \ldots \ldots \ldots \ldots \quad (43)$$

und aus Gl. (31), daß

$$w^2 = 2g\,\frac{\varkappa}{\varkappa - 1}\left(p_1 v_1 - p\,\frac{Fw}{G}\right) \quad \ldots \ldots \quad (44),$$

woraus

$$w = \sqrt{\left(\frac{\varkappa}{\varkappa - 1}\,\frac{Fgp}{G}\right)^2 + 2g\,\frac{\varkappa}{\varkappa - 1}\,p_1 v_1} - \frac{\varkappa}{\varkappa - 1}\,\frac{Fgp}{G} \quad \ldots \quad (45).$$

Bezeichnet man

$$g\,\frac{\varkappa}{\varkappa - 1}\,F \text{ mit } b$$

und

$$2g\,\frac{\varkappa}{\varkappa - 1} \text{ mit } c,$$

so folgt

$$w = \sqrt{\left(b\,\frac{p}{G}\right)^2 + cp_1 v_1} - b\,\frac{p}{G} \quad \ldots \ldots \quad (46).$$

Die Konstanten a, b und c sind für entsprechende Düsen in der Zahlentafel 2 angegeben.

Aus Gl. (1) bestimmt man die verlustfreie Geschwindigkeit w_0 und durch Teilung des Wertes w der Gl. (45) erhält man den Geschwindigkeitskoeffizienten φ. Dieser Wert muß mit dem aus Gl. (39) erhaltenen übereinstimmen. Nach Ermittlung von w aus Gl. (45) läßt sich v aus der Kontinuitätsgleichung ableiten. Alle übrigen Größen sind nach bekannten Formeln berechnet worden.

Untersucht wurden sechs Arten von Düsen: 1 zylindrische Düse, 3 Düsen mit rechteckigem Querschnitt, 1 kegelig sich verengende und 1 kegelig sich erweiternde Düse. Ihre genauen Abmessungen, die in der mechanischen Versuchsanstalt (Geh. Hofrat Prof. Scheit) bis auf 0,01 mm genau nachgeprüft wurden, sind in Zahlentafel 2 und Fig. 8 bis 17 wiedergegeben. Für die Düsen Nr. 1, 2 und 5 wurde der Geschwindigkeitskoeffizient mittels Kondensators und Wage, für die Düsen 3, 4 und 6 mittels Wage allein bestimmt.

Die Kondensatbestimmung wurde nicht weniger als je 2 mal vorgenommen, um 2 gleiche Werte zu erhalten. Die Zahlentafeln 3, 5, 9 enthalten die mittleren Temperaturen aus einer Reihe von nach je 3 Minuten wiederholten Ablesungen, da es nicht möglich war, die zwischen Unterschieden von 5^0 schwankende Temperatur unverändert zu halten. Alle Düsen, mit Ausnahme der Düse Nr. 5 aus Rotguß, waren aus hartem Stahl angefertigt und gut poliert.

Zahlentafel 2.

Abmessungen der Düsen und Konstanten für die Gl. (40) und (45).

Nr. der Düse	Form der Düsen	Düsenabmessungen mm	Querschnitt, gemessen bei 15^0C F_{15} qmm	Querschnitt, bezogen auf 100^0C F' qmm	Konstante aus Gl. (40) a	Konstante aus Gl. (45) b	Konstante aus Gl. (45) c
1	zylindrisch . .	$d = 6{,}455$	32,650	32,789	2,8416	13,938	85,02
2	rechteckig . . .	$4{,}11 \times 10{,}21$	41,963	42,164	3,6542	17,905	85,02
3	rechteckig . . .	$3{,}02 \times 10{,}21$	30,834	30,910	2,6789	—	—
4	rechteckig . . .	$2{,}08 \times 10{,}21$	21,237	21,290	1,8451	—	—
5	sich verengend .	$d_{min} = 8{,}65$ $d_{max} = 10$	58,766	58,958	5,1010	25,062	85,02
6	sich erweiternd .	$d_{min} = 6{,}49$	33,081	33,163	2,8740	—	—

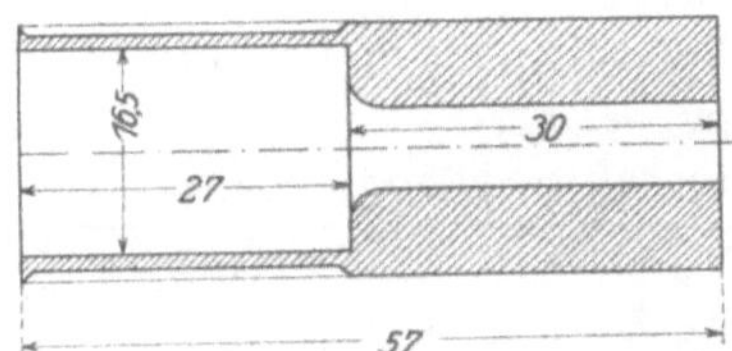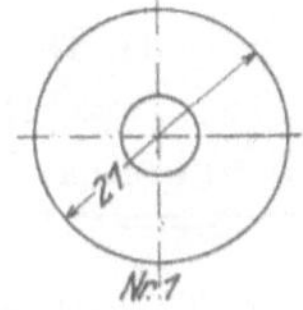

Fig. 8 und 9.

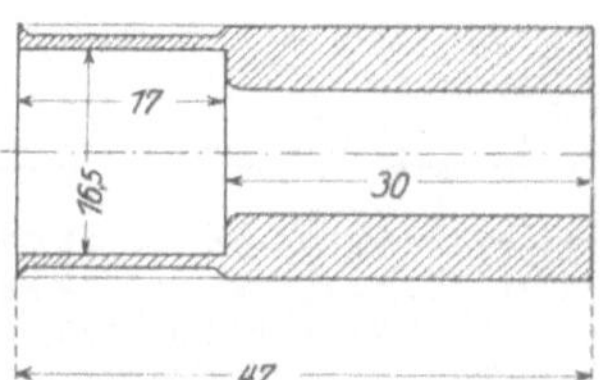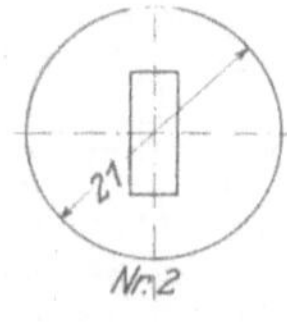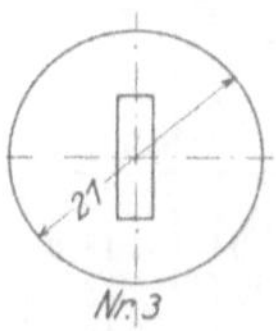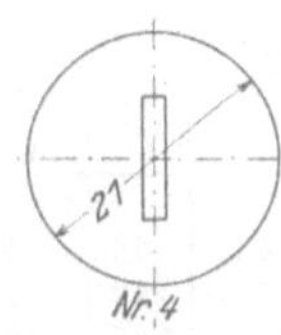

Fig. 10 bis 13.

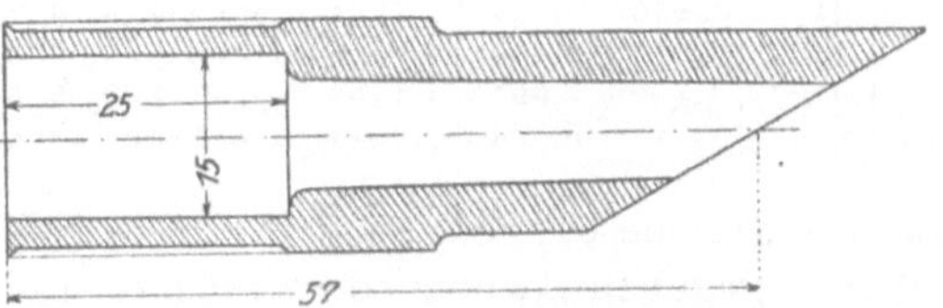

Fig. 14 und 15.

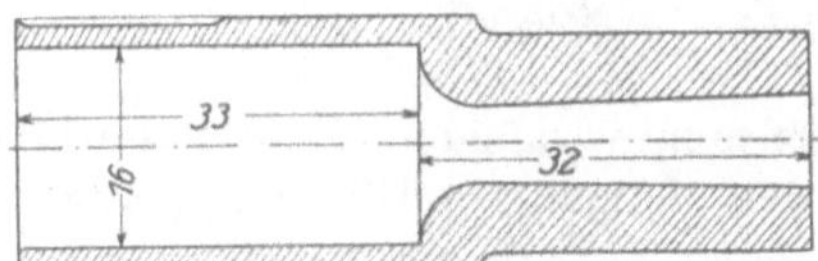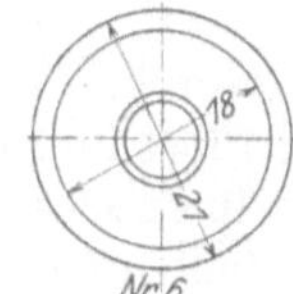

Fig. 16 und 17.

Zahlentafel 3.

Zylindrische Düse.   Versuche am 9., 10., 11., 13., 23. und 24. Mai 1907.
Kondensatmessung. $d = 6{,}455$.
Querschnitt bezogen auf $100°$ C Temperaturerhöhung. $F' = 32{,}789$ qmm.

Nr. des Versuches	Manometerablesungen		Temperatur im Kessel	Kondensatgewicht	Versuchsdauer	Raumtemperatur	Barometerstand	Gegendruck im Ansalzrohr	Anfangsdruck im Ausflußkessel	Druckverhältnis	Druckverhältnis	spez. Volumen im Ausflußkessel	effekt. Geschwindigkeit	theoret. Geschwindigkeit	Geschwindigkeitskoeffizient
	links	rechts	t °C	G g	min	t_r °C	B mmQ.-S.	p at	p_1 at	$\frac{p}{p_1}$	$\frac{p_1}{p}$	v_1	w m	w_0 m	$\frac{w}{w_0} = \varphi$
1	17 H₂O	65	130	575	10	20	747,5	1,0130	1,021	0,9923	1,0077	1,8350	52,7	53,690	0,982
2	50 »	100	130	750	»	»	»	1,0134	1,028	0,9856	1,0120	1,8217	70,7	72,880	0,971
3	210 »	282	128	1360	»	»	747,0	1,0129	1,061	0,9546	1,0490	1,7563	125,8	129,90	0,968
4	55 Hg	50,5	126	1800	»	22	752,3	1,0200	1,107	0,9220	1,0840	1,6750	164,0	169,70	0,968
5	65 »	61,4	130	2060	»	»	»	1,0220	1,133	0,8992	1,1120	1,6510	187,8	195,40	0,961
6	85 »	82,5	127	2460	»	23,6	752,4	1,0230	1,191	0,8580	1,1810	1,5590	220,5	233,60	0,946
7	100 »	97,9	128	2713	»	»	»	1,0250	1,228	0,8850	1,1970	1,5140	240,0	253,80	0,947
8	145 »	142,9	147,8	3292	»	25	748,8	1,0190	1,343	0,7590	1,3190	1,4540	303,0	320,05	0,947
9	190 »	189,0	148,4	3820	»	»	»	1,0200	1,460	0,6980	1,4290	1,3410	346,0	364,00	0,950
10	270 »	271,8	148,8	4601	»	»	»	1,0230	1,675	0,6115	1,6370	1,1810	408,8	424,80	0,955

Zahlentafel 4.
Zylindrische Düse. Versuche am 4., 6. und 7. Juni 1907.
Druckmessung. $d = 6{,}455$.
Querschnitt bezogen auf 100^0 C Temperaturerhöhung. $F' = 32{,}789$ qmm.

Nr. des Versuches	Manometer-ablesungen		Temperatur im Kessel	Reaktions-druck	Raum-temperatur	Barometer-stand	Gegendruck	Anfangsdruck im Ausflußkessel	Druck-verhältnis	Druck-verhältnis	spez. Volumen im Ausflußkessel	effekt. Ge-schwindigkeit	theoret. Ge-schwindigkeit	Geschwindig-keitskoeffizient
	links	rechts	t ^{0}C	R g	t_r ^{0}C	B mm Q.-S.	p at	p_1 at	$\frac{p}{p_1}$	$\frac{p_1}{p}$	v_1	w m	w_0 m	$\frac{w}{w_0}=\varphi$
1	15 H$_2$O	65	130	4,3	21	748,2	1,01344	1,0213	0,9922	1,0078	1,8350	48,75	53,56	0,9105
2	88 »	62	132	8,3	21	748,2	1,01344	1,0283	0,9854	1,0147	1,8317	67,85	73,58	0,9221
3	110 »	390	135	28,9	21	748,2	1,01344	1,0632	0,9531	1,0491	1,7848	126,00	133,32	0,9495
4	53 Hg	52,1	134	51,0	20	747,1	1,01219	1,1024	0,9180	1,0893	1,7334	168,63	178,27	0,9438
5	66 »	65,3	132	69,2	20	747,1	1,01219	1,1365	0,8905	1,1229	1,6558	193,84	205,47	0,9434
6	85 »	82,8	133	98,0	22	746,3	1,01079	1,1827	0,8545	1,1702	1,5944	229,89	239,09	0,9615
7	105 »	104,1	138	123,0	22	746,3	1,01079	1,2365	0,8173	1,2234	1,5439	258,19	271,75	0,9500
8	145 »	144,5	140	175,0	22	746,3	1,01079	1,3400	0,7542	1,3255	1,4306	305,96	320,55	0,9545
9	190 »	191,1	144	231,0	22	746,3	1,01079	1,4608	0,6918	1,4453	1,3244	350,73	366,13	0,9579
10	270 »	272,9	140	322,0	22	746,3	1,01079	1,6718	0,6045	1,6541	1,1432	404,53	422,12	0,9583

Neben den vorerwähnten Düsenabmessungen sind in Zahlentafel 2 auch die auf 100^0 C bezogenen Werte gegeben, wobei der Flächenausdehnungs-koeffizient

$$2\,\alpha = 0{,}00248 \text{ für Stahl und}$$
$$2\,\alpha = 0{,}00328 \text{ » Rotguß}$$

angenommen wurde.

Um eine Einschnürung des Strahles zu vermeiden, wurden die Eintrittskanten sowohl der zylindrischen als auch der viereckigen Düsen gut abgerundet.

In den Zahlentafeln 3 bis 11 sind die Versuchsergebnisse mittels Messung des Kondensates und Wägung der Reaktion des Dampfstrahles im Bereiche von 50 bis 400 m/sk angeführt. Ihre q-Werte wurden als Ordinaten neben den zu-

Zahlentafel 5.
Rechteckige Düse. Versuche am 24., 25., 27. und 28. Mai 1907.
Kondensatmessung. $F = 4{,}11 \times 10{,}21$.
Querschnitt bezogen auf 100^0 C Temperaturerhöhung. $F' = 42{,}164$ qmm.

Nr. des Versuches	Manometer-ablesungen		Temperatur im Kessel	Kondensat-gewicht	Versuchsdauer	Raum-temperatur	Barometer-stand	Gegendruck im Ansatzrohr	Anfangsdruck im Ausflußkessel	Druck-verhältnis	Druck-verhältnis	spez. Volumen im Ausflußkessel	effekt. Ge-schwindigkeit	theoret Ge-schwindigkeit	Geschwindig-keitskoeffizient
	links	rechts	t ^{0}C	G g	min	t_r ^{0}C	B mm Q.-S.	p at	p_1 at	$\frac{p}{p_1}$	$\frac{p_1}{p}$	v_1	w m	w_0 m	$\frac{w}{w_0}=\varphi$
1	36 H$_2$O	46	132,8	697,5	10	25	747,0	1,0116	1,0190	0,9924	1,0076	1,8522	50,74	52,99	0,9574
2	70 »	83	132,9	925	10	25	748,3	1,0133	1,0281	0,9857	1,0145	1,8366	68,91	70,01	0,9439
3	255 »	230	132,2	1635	10	25	748,3	1,0143	1,0612	0,9558	1,0461	1,7751	119,00	129,75	0,9171
4	430 »	458	137,8	2168	10	24	751,4	1,0194	1,1057	0,9219	1,0847	1,7280	158,20	173,82	0,9101
5	66 Hg	62,4	141,9	2535	10	24	751,4	1,0203	1,1383	0,8965	1,1154	1,6960	184,10	202,14	0,9108
6	85 »	83	137,7	3005	10	22,5	747,8	1,0175	1,1851	0,8586	1,1646	1,6105	216,40	236,88	0,9135
7	105 »	103,0	136,6	3465	10	24	747,6	1,0174	1,2376	0,8220	1,2193	1,5369	246,38	267,42	0,9211
8	145 »	144,5	128,7	4237	10	24	747,6	1,0200	1,3415	0,7604	1,3458	1,3877	280,90	306,85	0,9177
9	190 »	190,6	140,9	3890	8	22	749,7	1,0257	1,4648	0,7003	1,4281	1,3082	334,49	388,93	0,9319
10	270 »	272,6	149,7	3490	6	22	749,7	1,0302	1,6760	0,6147	1,6268	1,1689	396,02	415,85	0,9523

gehörigen Geschwindigkeiten als Abszissen in einem Diagramm. Fig. 18, dargestellt, aus dem die Abhängigkeit des Geschwindigkeitskoeffizienten von der Geschwindigkeit selbst hervorgeht. Die Kurven fallen, wie ersichtlich, bei Geschwindigkeiten über 200 m/sk fast zusammen, bei kleineren Geschwindigkeiten
gehen sie mehr und mehr auseinander. Die letztere Erscheinung rührt von
dem Luftwiderstande her. Der Abstand der Düsenmündung von der Platte der
Wage betrug bei allen diesen Untersuchungen 80 mm und war also offenbar zu

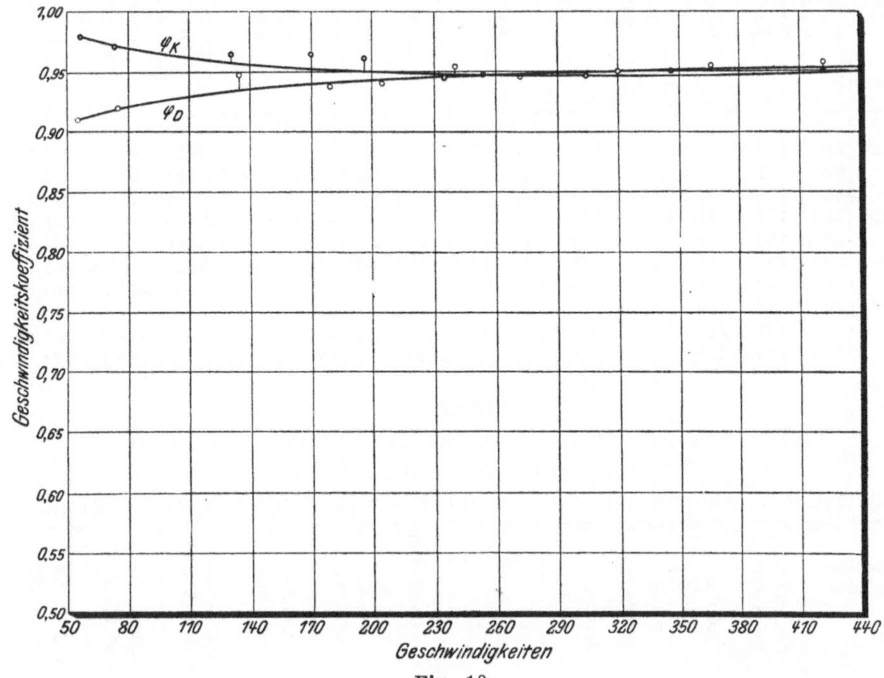

Fig. 18.

Vergleich der φ-Werte bei Druck- und Kondensatmessung für die zylindrische Düse Nr. 1.

Zahlentafel 6.
Rechteckige Düse. Versuche am 4. und 7. Juni 1907.
Druckmessung. $F = 4{,}11 \times 10{,}21$.

Querschnitt bezogen auf 100^0 C Temperaturerhöhung. $F' = 42{,}164$ qmm.

Nr. des Versuches	Manometer-ablesungen		Temperatur im Kessel	Reaktions-druck	Raum-temperatur	Barometer-stand	Gegendruck	Anfangsdruck im Ausflußkessel	Druck-verhältnis	Druck-verhältnis	spez. Volumen im Ausflußkessel	effekt. Ge-schwindigkeit	theoret. Ge-schwindigkeit	Geschwindig-keitskoeffizient
	links	rechts	t ^{0}C	R g	t_r ^{0}C	B mmQ.-S.	p at	p_1 at	$\dfrac{p}{p_1}$	$\dfrac{p_1}{p}$	v_1	w m	w_0 m	$\dfrac{w}{w_0} = \varphi$
1	15 H₂O	65	131	5,4	22	747,5	1,0123	1,0203	0,9921	1,0079	1,8417	48,25	52,69	0,8949
2	88 »	62	125	10,4	»	»	»	1,0272	0,9854	1,0147	1,8005	66,39	73,74	0,9003
3	110 »	390	130	33,5	»	»	»	1,0621	0,9530	1,0497	1,7596	120,15	132,45	0,9071
4	53 Hg	51,3	125	59,5	»	747,4	1,0122	1,1013	0,9190	1,0881	1,6780	157,48	174,23	0,9038
5	66 »	64,5	126	84,5	»	»	»	1,1355	0,8914	1,1219	1,6312	187,55	203,13	0,9233
6	85 »	83,3	131	118,7	»	»	»	1,1579	0,8542	1,1707	1,6202	222,70	238,62	0,9332
7	105 »	103,4	134	156,3	»	»	»	1,2372	0,8181	1,2222	1,5254	255,05	269,51	0,9463
8	145 »	145,4	135	223,0	»	»	»	1,3440	0,7531	1,3288	1,4080	302,47	319,23	0,9475
9	190 »	191,5	142	295,0	»	»	»	1,4628	0,6920	1,4451	1,3158	347,64	365,14	0,9521
10	270 »	273,6	140	410,0	»	»	»	1,6361	0,6046	1,6540	1,1686	402,72	422,18	0,9539

Zahlentafel 7.
Rechteckige Düse. Versuche am 5. und 7. Juni 1907.
Druckmessung. $F = 3{,}02 \times 10{,}21$.

Querschnitt bezogen auf 100° C Temperaturerhöhung. $F'' = 30{,}91$ qmm.

Nr. des Versuches	Manometerablesungen		Temperatur im Kessel	Reaktionsdruck	Raumtemperatur	Barometerstand	Gegendruck	Anfangsdruck im Ausflußkessel	Druckverhältnis	Druckverhältnis	spez. Volumen im Ausflußkessel	effekt. Geschwindigkeit	theoret. Geschwindigkeit	Geschwindigkeitskoeffizient
	links	rechts	t °C	R g	t_r °C	B mmQ.-S.	p at	p_1 at	$\frac{p}{p_1}$	$\frac{p_1}{p}$	v_1	w m	w_0 m	$\frac{w}{w_0} = \varphi$
1	15	H₂O 65	132	3,9	22	749,7	1,0153	1,0233	0,9922	1,0079	1,8411	47,89	53,99	0,8870
2	88	» 62	129	7,5	»	»	1,0153	1,0302	0,9855	1,0147	1,8144	66,11	72,97	0,9060
3	110	» 390	126	25,2	»	»	1,0153	1,0651	0,9532	1,0491	1,7404	120,28	131,67	0,9135
4	53	Hg 52,1	128	42,5	20	747,1	1,0121	1,1023	0,9181	1,0891	1,6899	156,34	175,82	0,8892
5	66	» 64,5	130	61,0	»	»	1,0121	1,1355	0,8913	1,1220	1,6486	187,35	204,20	0,9175
6	85	» 83,8	134	85,7	»	»	1,0121	1,1855	0,8537	1,1713	1,6323	224,52	242,82	0,9246
7	105	» 103,8	137	108,2	»	»	1,0121	1,2377	0,8177	1,2229	1,5385	248,98	270,73	0,9196
8	145	» 146,4	138	156,0	»	»	1,0121	1,3453	0,7523	1,3293	1,4177	297,02	321,08	0,9250
9	190	» 191,1	143	207,6	»	»	1,0121	1,4623	0,6921	1,4449	1,3196	341,63	365,65	0,9343
10	270	» 273,7	144	293,0	»	»	1,0121	1,6744	0,6045	1,6544	1,1532	400,10	424,57	0,9429

Zahlentafel 8.
Rechteckige Düse. Versuche am 5. und 7. Juni 1907.
Druckmessung. $F = 2{,}08 \times 10{,}21$ qmm.

Querschnitt bezogen auf 100° C Temperaturerhöhung. $F'' = 21{,}29$ qmm.

Nr. des Versuches	Manometerablesungen		Temperatur im Kessel	Reaktionsdruck	Raumtemperatur	Barometerstand	Gegendruck	Anfangsdruck im Ausflußkessel	Druckverhältnis	Druckverhältnis	spez. Volumen im Ausflußkessel	effekt. Geschwindigkeit	theoret. Geschwindigkeit	Geschwindigkeitskoeffizient
	links	rechts	t °C	R g	t_r °C	B mmQ.-S.	p at	p_1 at	$\frac{p}{p_1}$	$\frac{p_1}{p}$	v_1	w m	w_0 m	$\frac{w}{w_0} = \varphi$
1	15	H₂O 65	134,5	2,6	22	749,7	1,0153	1,0233	0,9922	1,0079	1,8530	47,27	54,17	0,8726
2	88	» 62	134,7	4,1	»	749,7	1,0153	1,0302	0,9855	1,0147	1,8413	64,20	73,51	0,8734
3	110	» 390	133,0	15,6	»	749,7	1,0153	1,0651	0,9532	1,0491	1.7725	115,13	132,85	0,8665
4	53	Hg 52,1	130,0	29,2	»	746,8	1,0114	1,1016	0,9181	1,0891	1,6999	156,63	176,40	0,8880
5	66	» 65,3	136,0	42,0	»	746,8	1,0114	1,1357	0,8908	1,1230	1,6740	188,63	206,70	0,9127
6	85	» 84,5	143,0	56,8	20	747,1	1,0121	1,1864	0,8531	1,1722	1,6317	220,41	243,41	0,9055
7	105	» 104,8	139,5	73,0	»	»	1,0121	1,2389	0,8169	1,2241	1,5470	247,59	266,38	0,9083
8	145	» 145,1	144,0	104,0	»	»	1,0121	1,3437	0,7532	1,3276	1,4413	294,72	322,88	0,9127
9	190	» 191,5	148,0	137,2	»	»	1,0121	1,4628	0,6919	1,4454	1,3191	335,25	365,66	0,9196
10	270	» 274,6	145,0	197,2	»	»	1,0121	1,6755	0,6040	1,6555	1,1554	396,68	425,19	0,9330

groß gewählt worden. Ist der Abstand kleiner, so dürften die Kurven wohl näher aneinander verlaufen. Die Versuchs- und Berechnungsergebnisse für die 3 viereckigen Düsen sind in den Zahlentafeln 5 bis 8 angeführt, aus denen wieder eine beträchtliche Abweichung der nach beiden Verfahren ermittelten φ-Werte ersichtlich ist. Bei kleinen Geschwindigkeiten fällt der mittels Kondensatmessung bestimmte φ_k-Wert, Diagramm Fig. 19, mit wachsenden Geschwindigkeiten erreicht er ungefähr bei der Geschwindigkeit 200 m/sk seinen Kleinstwert, von wo aus er dann wieder aufsteigt. Die durch Wägung (Plattendruckmessung) bestimmten φ_D-Werte wachsen fortwährend mit der Geschwindigkeit (in den Versuchsgrenzen um rd. 6 vH) — ähnlich wie man dies bei einem Strömen des Dampfes in Röhren beobachten kann. Beide Kurven schneiden sich in 2 Punkten, bei den Geschwindigkeiten von rd. 145 m/sk und 420 m/sk. In diesen Grenzen steigt der Unterschied von φ_k und φ_D bis zu rd. 2 vH. Bei ganz kleinen Geschwindigkeiten (rd. 50 m/sk) beträgt dieser Unterschied sogar 6 vH.

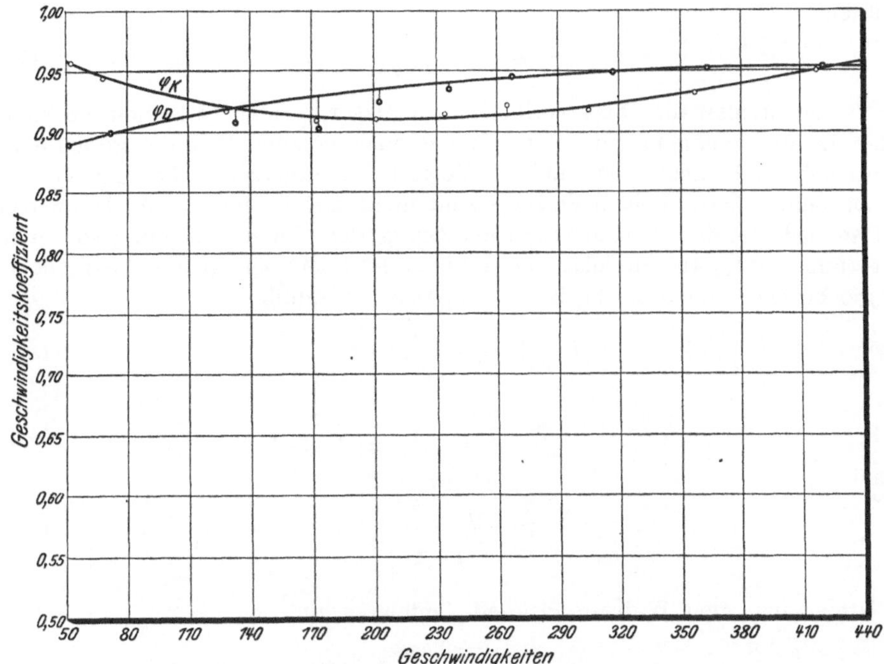

Fig. 19. Vergleich der φ-Werte bei Druck- und Kondensatmessung für die rechteckige Düse Nr. 2 von 4,11 × 10,2 mm.

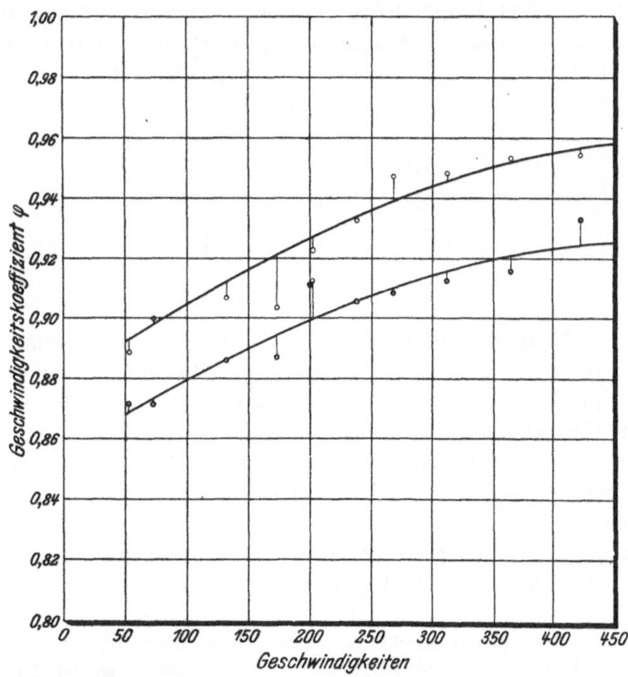

Fig. 20. Geschwindigkeitskoeffizient bei verschiedenen Geschwindigkeiten, bestimmt durch Druckmessung für Düsen von 2,08 × 10,21 (4) und 4,11 × 10,21 (2) mm.

In dem Diagramm, Fig. 20, sind die aus Druckmessungen erhaltenen beiden Kurven für die Düsen 4×10 und 2×10 bei in großem Maßstabe aufgetragenem φ nebeneinander gestellt. Bei engen Düsen fallen die Verluste, wie zu ersehen ist, bedeutender aus. Bezeichnet man den Druckhöhenverlust mit h_r, so ist bekanntlich

$$h_v = \zeta_r \, \frac{Ul}{4F} \, \frac{w^2}{2g} \quad \cdots \cdots \cdots \quad (47).$$

Bestimmt man die Düsenverluste nach dieser Formel, so kommt ein kleiner Fehler in die Rechnung, da der Widerstandskoeffizient auf die gesamte Reibungsarbeit und nicht nur auf den Verlust an kinetischer Energie bezogen werden sollte. Diese beiden Verluste sind nicht gleich, doch ist ihr Unterschied nicht so bedeutend, daß man eine Umformung der obigen Gleichung vornehmen müßte und nicht, wie Stodola, den Widerstandskoeffizienten auf die kinetische Energie beziehen könnte. Es ist, wie in der Hydraulik:

$$\zeta = \zeta_r \, \frac{Ul}{4F} = \frac{1}{\varphi^2} - 1 \cdots \cdots \cdots \quad (48)$$

oder

$$\zeta_r = \left(\frac{1}{\varphi^2} - 1 \right) \frac{4F}{Ul} \cdots \cdots \cdots \quad (49),$$

woraus

$$\varphi = \sqrt{\frac{1}{1 + \zeta_r \, \frac{Ul}{4F}}} \cdots \cdots \cdots \quad (50).$$

Nimmt man den Widerstandskoeffizienten an zu

$$\zeta_r = 0{,}025,$$

so lassen sich die entsprechenden Geschwindigkeitskoeffizienten nach Gl. (50) berechnen, und sie ergeben die in Zahlentafel 12 angeführten Werte. Diese Werte stimmen mit den Versuchsergebnissen ziemlich überein, und es besteht tatsächlich der funktionelle Zusammenhang zwischen dem Geschwindigkeitskoeffizienten und U, F, l, der durch Gl. (50) dargestellt ist.

Zahlentafel 12.

Düse	φ
Nr. 1	0,943
» 2	0,940
» 3	0,926
» 4	0,902

Zur Untersuchung der sich verengenden Düse wurde zwischen Kessel und Düse ein einzölliges, 0,5 m langes Rohr[1]) eingeschaltet, so daß sich die in den Zahlentafeln 9 und 10 stehenden Versuchsergebnisse auf Düse und Ansatzrohr beziehen. Der Verlust im Rohr ist jedoch, da sein Querschnitt 10 mal größer ist als der der Düse, verhältnismäßig gering Die Entfernung der Düse wurde so festgelegt, daß der φ-Wert auch bei den kleinen hier auftretenden Geschwindigkeiten einen Höchstwert hat. Diese günstigste Entfernung lag bei 50 mm und wurde auch bei größeren Geschwindigkeiten beibehalten. Die dieser Düse zugehörigen φ_k- und φ_D-Werte finden sich in dem Diagramm, Fig. 21. Es stellte

---

[1]) Dies Rohr mußte zwischengeschaltet werden, da es nicht möglich war, bei den späteren Schaufelmessungen mit Schaufeln und Wage an eine unmittelbar an den Kessel angeschraubte Düse heranzukommen.

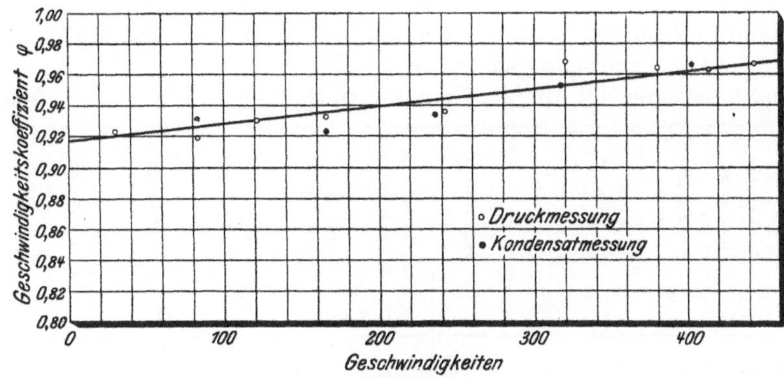

Fig. 21.

Vergleich der φ-Werte bei Druck- und Kondensatmessung für die konvergente Düse Nr. 5.

Zahlentafel 9.

Sich verengende Düse. Versuch am 3. Juli 1907.

Kondensatmessung. $d = 8{,}65$ mm.

Querschnitt bezogen auf 100^0 C Temperaturerhöhung. $F' = 58{,}985$ qmm.

Nr. des Versuches	Manometerablesungen		Temperatur im Kessel	Kondensatgewicht	Versuchsdauer	Raumtemperatur	Barometerstand	Gegendruck im Ansa'zrohr	Anfangsdruck im Ausflußkessel	Druckverhältnis	Druckverhältnis	spez. Volumen im Ausflußkessel	effekt. Geschwindigkeit	theoret. Geschwindigkeit	Geschwindigkeitskoeffizient
	links	rechts	t ^{0}C	G g	min	t_r ^{0}C	B mmQ.-S.	p at	p_1 at	$\dfrac{p}{p_1}$	$\dfrac{p_1}{p}$	v_1	w m	w_0 m	$\dfrac{w}{w_0} = \varphi$
1	65	H$_2$O 130	130,9	1465	10	22	746,4	1,0113	1,0303	0,9815	1,0189	1,8232	77,3	83,06	0,9306
2	50	Hg 47,5	135,9	2945	»	»	»	1,0115	1,0912	0,9669	1,0542	1,7527	155,7	167,23	0,9372
3	85	» 82,2	132,0	4335	»	»	»	1,0132	1,1821	0,8571	1,1667	1,5911	220,5	236,49	0,9324
4	145	» 143,8	143,9	2980	5	»	»	1,0199	1,3481	0,7607	1,3146	1,4440	302,0	317,40	0 9515
5	250	» 252,6	144,9	4047	»	»	»	1,0306	1,6212	0,6357	1,1944	1,1944	390,1	404,28	0,9649

Zahlentafel 10.

Sich verengende Düse. Versuch am 26. Juni 1907.

Druckmessung. $d_{\min} = 8{,}65$.

Querschnitt bezogen auf 100^0 C Temperaturerhöhung. $F' = 58{,}958$ qmm.

Nr. des Versuches	Manometerablesungen		Temperatur im Kessel	Reaktionsdruck	Raumtemperatur	Barometerstand	Gegendruck	Anfangsdruck im Ausflußkessel	Druckverhältnis	Druckverhältnis	spez. Volumen im Ausflußkessel	effekt. Geschwindigkeit	theoret. Geschwindigkeit	Geschwindigkeitskoeffizient
	links	rechts	t ^{0}C	R g	t_r ^{0}C	B mmQ.-S.	p at	p_1 at	$\dfrac{p}{p_1}$	$\dfrac{p_1}{p}$	v_1	w m	w_0 m	$\dfrac{w}{w_0} = \varphi$
1	10	H$_2$O 60	130	7,0	30	751,1	1,01588	1,0227	0,9933	1,0068	1,8324	45.96	49,85	0,9218
2	65	» 130	135	19,3	»	»	»	1,0352	0,9813	1,0191	1,8335	77,07	83,88	0,9187
3	180	» 240	140	42,5	»	»	»	1,0577	0,9642	1,0412	1,8173	113,00	121,70	0,9285
4	50	Hg 46,4	140	78,0	»	»	»	1,0947	0,9279	1,0777	1,7549	151,30	167,20	0,9226
5	85	» 82,2	140	168,0	»	»	»	1,1869	0,8559	1,1682	1,6550	227,10	242,70	0,9356
6	145	» 143,8	140	316,0	»	»	»	1,3453	0,7552	1,3242	1.4250	303,50	320,70	0,9465
7	200	» 198,2	150	447,0	»	»	»	1,4877	0,6828	1,4645	1,3259	362,00	380,00	0,9629
8	250	» 256,6	150	553.0	»	»	»	1,6235	0,6257	1,5982	1,2081	397,90	413,50	0,9621
9	300	» 300,0	150	652,0	»	»	»	1,7506	0,5803	1,7232	1,1195	428,10	442,90	0,9666

Zahlentafel 11.

Sich erweiternde Düse. Versuch am 4. und 7. Juni 1907.

Druckmessung. $d_{min} = 6{,}49$ mm.

Querschnitt bezogen auf 100^0 C Temperaturerhöhung. $F' = 33{,}163$ qmm.

Nr. des Versuches	Manometer-ablesungen		Temperatur im Kessel	Reaktions-druck	Raum-temperatur	Barometer-stand	Gegendruck	Anfangsdruck im Ausflußkessel	Druck-verhältnis	Druck-verhältnis	spez. Volumen im Ausflußkessel	effekt. Ge-schwindigkeit	theoret. Ge-schwindigkeit	Geschwindig-keitskoeffizient
	links	rechts	t ^{0}C	R g	t_r ^{0}C	B mmQ.-S.	p at	p_1 at	$\dfrac{p}{p_1}$	$\dfrac{p_1}{p}$	v_1	w m	w_0 m	$\dfrac{w}{w_0} = \varphi$
1	15 H$_2$O	65	129,5	5,4	22	749,7	1,0153	1,0232	0,9922	1,0080	1,8291	54,22	53,82	1,0074
2	88 »	62	129,0	10,6	»	»	1,0153	1,0302	0,9855	1,0148	1,8144	67,60	65,03	1,0394
3	110 »	390	127,0	38,0	»	»	1,0153	1,0651	0,9532	1,0490	1,7631	143,26	132,52	1,0810
4	53 Hg	49,4	135,0	62,1	23	747,5	1,0121	1,0989	0,9210	1,0855	1,7262	172.42	170,26	1,0538
5	66 »	63,0	132,0	86,0	»	»	1,0121	1,1336	0,8928	1,1200	1,6600	214,83	203,25	1,0545
6	85 »	82,9	133,0	123,0	»	»	1,0121	1,1843	0,8546	1,1700	1,5914	254,96	238,91	1,0672
7	105 »	104,4	131,0	156,1	»	»	1,0121	1,2384	0,8173	1,2230	1,5140	284,92	269,31	1,0579
8	145 »	145,4	136,0	188,0	»	»	1,0121	1,3439	0,7531	1,3280	1,4118	312,58	319,65	0,9779
9	190 »	190,5	143,0	228,0	»	748,0	1,0128	1,4621	0,6927	1,4445	1,3198	345,26	365,09	0,9458
10	270 »	273,3	142,0	312,7	»	»	1,0128	1,6743	0,6049	1,6529	1,1473	399,88	425,04	0,9408

sich heraus, daß die beiden φ-Werte bei der eben erwähnten Versuchsanordnung sehr nahe übereinstimmen, weshalb auch diese Düse zu Schaufelmessungen verwendet wurde. Schließlich sei noch erwähnt, daß die φ-Werte für die sich erweiternde Düse bei kleinen Geschwindigkeiten größer als 1 ausfallen, Zahlentafel 11, wenn man die Geschwindigkeiten auf den engsten Querschnitt bezieht. Ein ähnliches Ergebnis hat sich übrigens auch in der Hydraulik gezeigt.

Die Schaufeln.

Da sich der hier gewählte Versuchsweg infolge der Gleichheit der mittels Kondensatbestimmung und Wägung ermittelten Verlustkoeffizienten als richtig erwiesen hat, so konnte man zu den Schaufeluntersuchungen übergehen.

Es möge ein Dampfstrahl aus der Richtung A, Fig. 22, in die Richtung B umgelenkt werden. Bei einer gleichmäßigen Umlenkung, d. h. wenn der Krümmungshalbmesser der Schaufel derselbe bleibt, werden die Verluste am kleinsten

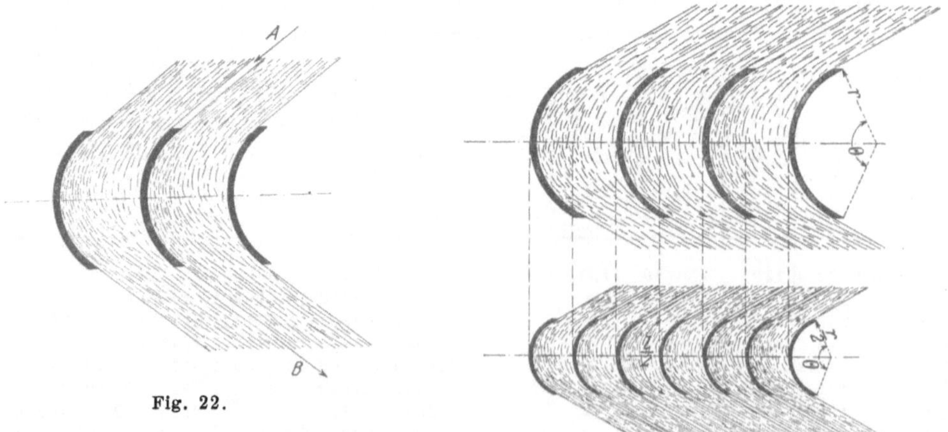

Fig. 22.

Fig. 23.

ausfallen. Diese Umlenkung kann jedoch durch einen großen oder kleinen Krümmungshalbmesser vermittelt werden. Es ist klar, daß man bei einem größeren Krümmungshalbmesser auch eine stärkere Dampfschicht umlenken wird, und folglich kann man schon im voraus feststellen, daß einer gewissen Dampfstrahlstärke e ein gewisser Krümmungshalbmesser r entsprechen muß, durch den der Dampfstrahl um den Winkel Θ am günstigsten, d. h. zwecks Erzielung kleinster Verluste, umgelenkt werden kann, und daß das Verhältnis $\frac{e}{r}$ bei verschiedenen r unverändert bleibt. Wollte man z. B. einen Dampfstrahl von der Stärke e, dem ein günstigster Krümmungshalbmesser r zugehört, um denselben Winkel Θ mit einem doppelt so kleinen Krümmungshalbmesser umlenken, so wäre man gezwungen, den Dampfkanal in 2 zu zerlegen, Fig. 18, d. h. die Teilung doppelt so klein zu wählen. Die Verluste werden sich dabei nicht ändern, da die von Dampf bespülte Oberfläche dieselbe geblieben ist:

$$a\,l = 2\left(\frac{r}{2}\,\Theta\right) a = a\,r\,\Theta,$$

wobei

    l die Länge des Dampfkanales und

    a seine radiale Länge darstellen.

Dies gilt natürlich ohne Berücksichtigung des Kantenverlustes. Im ersten Fall ist eine Kante vorhanden — im andern ihrer zwei, und deshalb sind offenbar bei größeren Krümmungshalbmessern kleinere Verluste zu erwarten. Während ζ_r bei Rohrleitungen nur als Funktion der Geschwindigkeit auftritt, muß es hier außerdem auch vom Krümmungshalbmesser und von der Teilung abhängen.

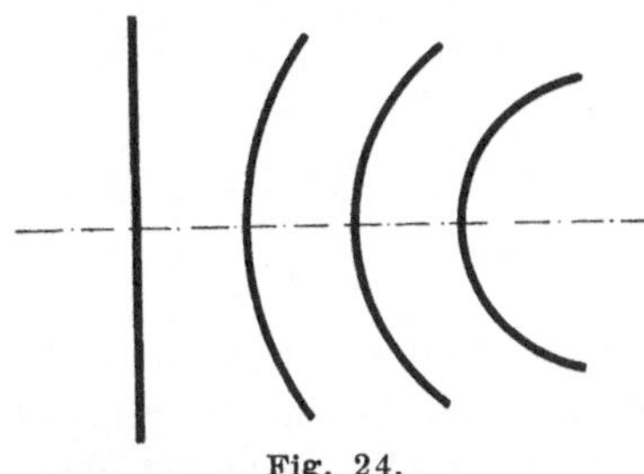

Fig. 24.

Ferner ist klar, daß auch die gesamten Verluste von dem Winkel, um den der Dampf umgelenkt wird, abhängen, da bei größer oder kleiner werdenden Umlenkungswinkeln bei derselben Oberfläche eine Aenderung der gesamten Verluste infolge zu- oder abnehmender Wirbelungen in der Dampfschaufel zu erwarten ist. Ist der Umlenkungswinkel Θ, Fig. 24, gleich null, so müssen die Wirbelungen am kleinsten ausfallen, und mit seiner Zunahme werden die Wirbelverluste wachsen. Außer den erwähnten Ursachen ist noch zu bedenken, ob nicht etwa die Temperaturzunahme des durchströmenden Dampfes einen Einfluß auf das Auftreten von Wirbelungen ausüben könnte, da sich dabei ja ein weniger dichter und deshalb mehr nachgiebiger Strahl bilden wird, bei dessen Umlenkung um denselben Winkel und mit demselben Krümmungshalbmesser ein weniger unruhiger Verlauf des Dampfstrahles zu erwarten ist.

Dementsprechend sei hier der Widerstandkoeffizient beim Strömen des Dampfes durch die Schaufeln eines Turbinenrades als Funktion folgender Größen angesehen:

    der Teilung, d. h. der Entfernung der Schaufeln von einander,

    des Winkels, um den der Strahl umgelenkt werden soll,

des Krümmungshalbmessers der Schaufel,
der Geschwindigkeit des Dampfes auf seinem Wege durch die Schaufel,
der Temperatur des durch die Schaufel strömenden Dampfes,

also:

$$\zeta_r = f(\tau, \Theta, r, w, t) \quad \ldots \quad \ldots \quad \ldots \quad (51).$$

Die Auflösung dieser Funktion ist das Ziel der vorliegenden Untersuchung. Würde eine mehr oder weniger große Gesetzmäßigkeit im Verlaufe des Dampfströmungsprozesses herrschen, so wäre diese Funktion hinfällig, und ζ_r könnte als unveränderlich angesehen werden.

Da die Funktion jedoch auf den willkürlichen und der Analyse darum nicht zugänglichen Strömungserscheinungen in der Schaufel beruht, so ist man zu ihrer Klarstellung auf Versuche angewiesen.

Versuchseinrichtung. II.

Wie schon früher erwähnt wurde, wird der kürzeste Weg, den der Dampf bei einer gleichmäßigen Umlenkung zurücklegen muß, durch einen Kreisbogen dargestellt. Nimmt man gleiche Ein- und Austrittwinkel an, so lassen sich die Schaufeln herstellen, wie folgt:

Ein zur Gewinnung von $4 \times 3 = 12$ Schaufeln auf den Durchmesser $2(r+s)$ abgedrehter Zylinder von der Länge $l = 4 \times 25 = 100$ mm, wobei r der Krümmungshalbmesser und s die Schaufelstärke sind, wird auf einen lichten Durch-

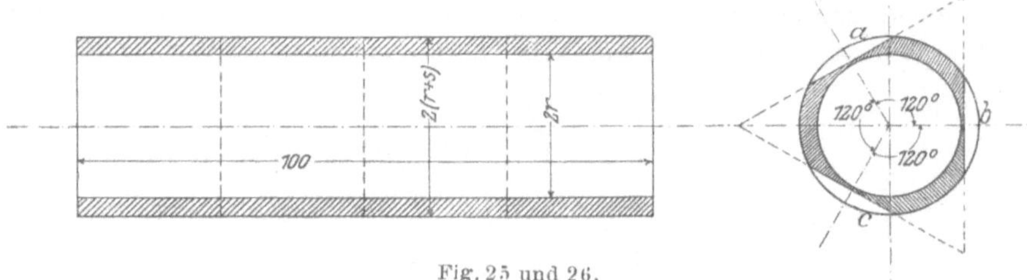

Fig. 25 und 26.

messer $2r$ gebohrt. Von dem so erhaltenen Rohr wird der Teil a, Fig. 25 und 26, bis auf eine kleinste Wandstärke von $\frac{1}{2}$ mm abgehobelt. Dann dreht man das Rohr um 120^0, hobelt den Teil b und in gleicher Weise den Teil c ab. Schließlich wird das Rohr mit diesen drei abgehobelten Seiten senkrecht zur Achse in 4 gleiche Ringe und diese wieder an ihren schwächsten Stellen in je 3 Teile zerschnitten, wie aus der Figur zu ersehen ist. Die so hergestellten 12 Schaufeln von der radialen Länge 25 mm und der Breite $b = r\sqrt{3}$ haben gleiche Ein- und Austrittwinkel $\alpha = 30^0$. Auf diesem einfachen Wege wurden auch die Schaufeln für andre Ein- und Austrittwinkel bis auf 0,1 mm genau angefertigt. Für die Massenherstellung könnten statt des Vollzylinders Rohre von den erforderlichen äußeren und lichten Durchmessern zur Verwendung kommen, und derart gearbeitete Schaufeln werden sich bei weitem billiger als die gezogenen stellen. Die Abmessungen der bei den vorliegenden Untersuchungen verwendeten Schaufeln sind aus Zahlentafel 13, das Gesetz der Veränderlichkeit ihrer Krümmungshalbmesser und Winkel aus Fig. 27 bis 34 zu ersehen. Um die Schaufeln rasch und genau einstellen zu können, wurden 4mal je 2 zueinander gehörige Messingplatten ($4 \times 10 \times 100$), Fig. 35, vorbereitet, in die mittels der Teilmaschine Nuten in Abständen $\frac{r}{4}$ eingerissen waren. Zwischen zwei solche Platten wurden die zu montierenden Schaufeln mittels Einstellschrauben gespannt. Ein derartig sorgfältiges Montieren verhinderte, daß die Schaufeln schief standen oder sich gegenseitig verschoben. Hierauf wurde der ganze Schaufelsatz zwischen 2 starke Stahlplatten gespannt. Jede Stahlplatte von der Schaufelbreite b war mit einem Bleiblatte von $^1/_2$ mm Stärke umhüllt, wo-

Zahlentafel 13.
Abmessungen der Schaufelprofile.

Nr. des Schaufelprofils	Ein- und Austrittswinkel α	Umlenkungswinkel Θ	Schaufelbreite b	Krümmungshalbmesser der Schaufeln r	Schaufelstärke s	Schaufellänge $l = r\,\Theta = r\,\pi\,\dfrac{\Theta}{180}$	radiale Schaufellänge L
	Grad	Grad	mm	mm	mm	mm	mm
1	30	120	10	5,77	2	12	25
2	30	120	15	8,66	2,5	18	25
3	30	120	20	11,55	3	24	25
4	30	120	25	14,43	3	30	25
5	20	140	21,7	11,55	3	28	25
6	30	120	20	11,55	2,5	24	25
7	40	100	17,7	11,55	2	20	25
8	50	80	14,9	11,55	1,5	16	25

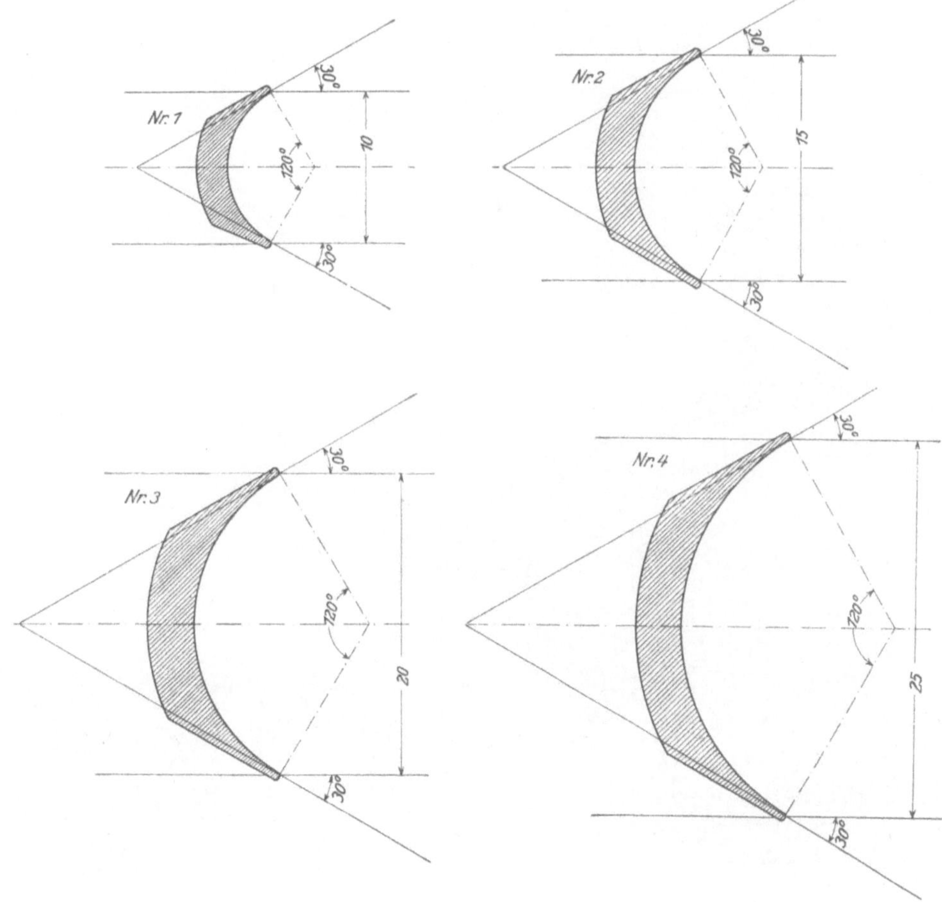

Fig. 27 bis 30.

durch sich eine etwaige Ungleichmäßigkeit in der Länge der Schaufeln aufheben ließ und ein fester Sitz gesichert war. Beim Anziehen der Spannschrauben drangen die Schaufeln mit ihren Stirnflächen in das Blei ein, Fig. 36. Schließlich wurden die Montageplatten entfernt. Eine derartige Vorbereitung eines Schaufelsatzes dauerte nicht länger als 2 bis 3 Minuten.

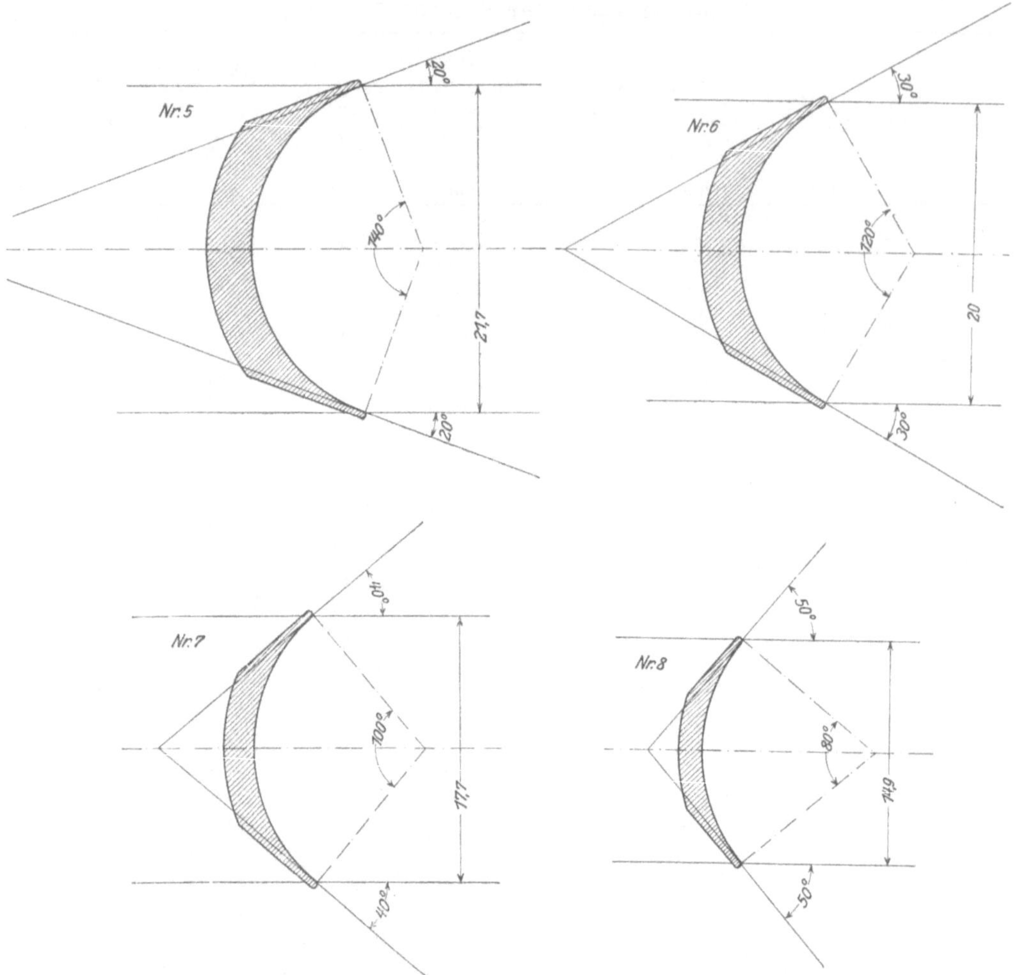

Fig. 31 bis 34.

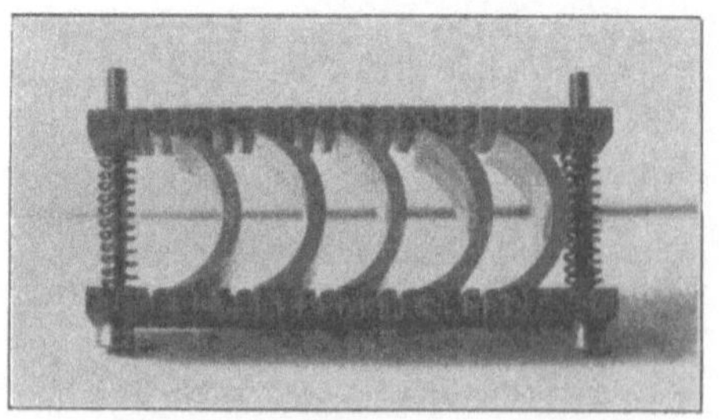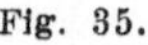

Fig. 35.

Fig. 36.

Rechnerische Ermittlung des ψ-Wertes.

Der Verlust an Geschwindigkeit beim Strömen des Dampfes durch die Schaufeln wurde folgendermaßen bestimmt:

Der unmittelbar auf die Platte wirkende Dampfdruck, Fig. 37, sei R_0.

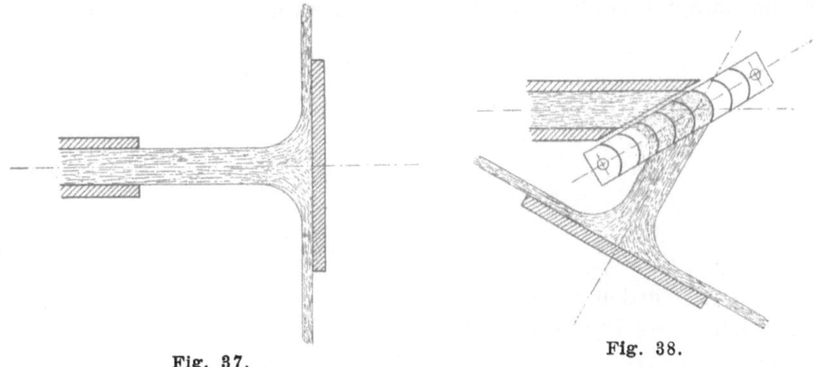

Fig. 37.

Fig. 38.

Stellt man zwischen Düse und Platte der Wage die Schaufeln, so wird der Reaktionsdruck, den der aus ihnen ausströmende Dampf auf die Platte ausübt, einen Wert R_1, Fig. 32, haben. Die beiden Plattendrücke sind:

$$R_0 = m \, w_0$$
$$R_1 = m \, w_1$$

Die Dampfmenge $\dfrac{m}{g}$ ist in beiden Fällen dieselbe, nur hat sich die Geschwindigkeit infolge der Verluste verändert. Aus den beiden vorstehenden Gleichungen ergibt sich:

$$\frac{R_1}{R_0} = \frac{w_1}{w_0} = \psi \ . \quad . \quad . \quad . \quad . \quad . \quad . \quad . \quad (52).$$

Folglich ist der Geschwindigkeitkoeffizient gleich dem Verhältnis des Plattendruckes des aus den Schaufeln ausströmenden Dampfes zu dem des aus der Düse ausströmenden Dampfes. Daraus ergibt sich der Verlustkoeffizient:

$$\zeta = \frac{1}{\psi^2} - 1 \ . \quad . \quad . \quad . \quad . \quad , \quad . \quad . \quad . \quad (53).$$

Die gegenseitige Einstellung der Schaufeln und der Wage erfolgte mittels Winkels und aus Zinnplatten geschnittener Dreiecke mit entsprechenden Winkeln von 20^0, 30^0, 40^0 und 50^0. So z. B. wurde für den Fall $\alpha = 30^0$ die Platte der Wage unter 30^0 zur Düsenachse gerichtet und der Schaufelsatz so zwischen Wage und Düse gestellt, daß er gegen die Platte unter dem Winkel 60^0 geneigt war. Dann tritt also der Dampfstrahl stoßfrei in die Schaufeln und trifft senkrecht auf die Platte der Wage.

Verluste.

Im folgenden mögen die Verluste betrachtet werden, die die Geschwindigkeit des Dampfstrahles auf seinem Wege durch die Schaufeln herabsetzen.

Zuerst trifft der Dampfstrahl auf die Schaufelkanten, an denen er zersplittert und die ihn dazu zwingen, sich von der Schaufel abzulösen, Fig. 39, folglich erleidet er bei seinem Eintritt in den Schaufelkanal eine gewisse Einschnürung, wodurch eine Abnahme der Geschwindigkeit eintritt. Dieser Geschwindigkeitsverlust sei als Kantenverlust bezeichnet. Er ist wohl proportional dem Quadrat der Geschwindigkeit und der Kantenoberfläche der Schaufeln.

Setzt man voraus, daß die Schaufeln gerade gebogen und folglich gerade Platten von einer Dicke gleich der Kantenstärke sind, so wird der Dampf beim Durchströmen dieser Platten einen Teil seiner Energie verlieren, der bekanntlich der von Dampf bespülten Oberfläche und dem Quadrat der Geschwindigkeit

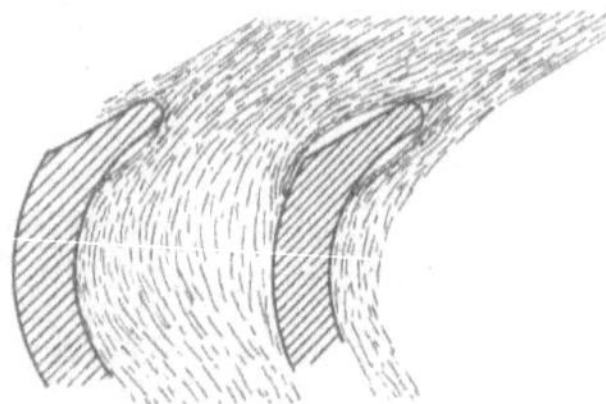

Fig. 39.

proportional ist. Würden diese geraden Platten dann mehr und mehr gebogen, so würden sich in stärker gekrümmten Schaufeln größere Wirbelungen bilden als in flachen, und deshalb ändern sich auch die gesamten Verluste entsprechend dem Winkel, um den der Dampf umgelenkt werden soll. Jener Verlust, d. h. der, den der Dampf beim Durchströmen gerader Platten erleidet, sei als theoretischer Reibungsverlust, und der, welcher vom Umlenkungswinkel und Krümmungshalbmesser abhängt, als Umlenkungs- oder auch Wirbelungsverlust bezeichnet. Die gesamten Verluste in der Schaufel sind somit in 3 einzelne zerlegt, in

Kantenverlust, Reibungsverlust, Umlenkungsverlust.

Diese einzelnen Verluste aber sind so eng miteinander verknüpft, daß es schwer ist, vorauszusagen, welche Schaufelform im Sinne kleinster Widerstände die günstigste sein wird: ein Vorteil auf der einen Seite bringt einen Nachteil auf der andern mit sich, und somit läßt sich nur aus Versuchen eine solche Schaufelform ermitteln, bei der die gesamten Verluste, die durch den Kanten-, den Reibungs- und den Umlenkungsverlust bedingt sind, möglichst klein ausfallen. Bezüglich der ersten beiden Verluste läßt sich schon im Voraus behaupten, daß die Schaufeln desto besser arbeiten werden, je kleiner ihre Breite und Zahl sind. Bezüglich des dritten Verlustes kann man jedoch im Gegenteil annehmen, daß er bei breiteren Schaufeln kleiner wird, da ja der Krümmungshalbmesser größer sein wird. Im Grenzfalle, $r = \infty$, d. h. wenn die Schaufeln zu geraden Platten werden, wird der Umlenkungsverlust am kleinsten sein.

Noch ein Umstand kann auf die Wirtschaftlichkeit der Schaufeln von Einfluß sein: ihre radiale Länge.

Bei sehr langen und verhältnismäßig nicht zu breiten Schaufeln werden die von ihnen gebildeten Kanäle sehr eng und darum ungünstig ausfallen.

Im allgemeinen drängt sich die Frage auf, wie hoch die einzelnen Verluste und wie groß ihr entsprechender Einfluß auf den gesamten Wirkungsgrad ist.

Würde es sich erweisen, daß der Umlenkungsverlust die übrigen um vieles übersteigt, so müßte man von vornherein von engen Schaufeln mit ihren kleinen Krümmungshalbmessern absehen, um nicht durch scharfe Biegung des Strahles starke Wirbelungen hervorzurufen. Würde sich dagegen herausstellen, daß der Umlenkungsverlust unbedeutend ist, so müßte man die Schaufeln besser eng und mit kleinen Krümmungshalbmessern bauen und sie möglichst weit auseinander stellen, um für die Dampfreibung möglichst kleine Oberflächen zu gewinnen. Die günstigste radiale Länge wäre dann die, bei der der Querschnitt des Kanales quadratisch ist.

Teilung.

Wie früher erwähnt wurde, möchte, ehe man die Frage der zu wählenden Versuchseinrichtung löst, d. h. die Frage, welche Größe als Einheit, als Unabhängige anzunehmen ist, festgelegt werden, welche Verluste ausschlaggebend und welche untergeordnet sind. Dazu wurde ein Vorversuch gemacht. Das Verfahren bestand darin: Zuerst wurde der Dampf durch ein Gitter aus dünnen Eisenplatten, Fig. 40, geleitet, sodann aber wurden diese Platten gebogen, bis Ein- und Austrittwinkel 30° betrugen. Der Verlust an Geschwindigkeit im ersten Falle war ungefähr 6 mal kleiner als im zweiten. Daraus geht klar hervor, daß den Faktoren besondere Beachtung zu schenken ist, die den Umlenkungsverlust beeinflussen. Folglich möchte man beim Entwurf der Schaufelkanäle nicht anstreben, daß die von Dampf bespülte Oberfläche möglichst klein ausfällt, sondern daß die so schädlichen Wirbelungen durch zweckmäßige Konstruktion vermieden werden.

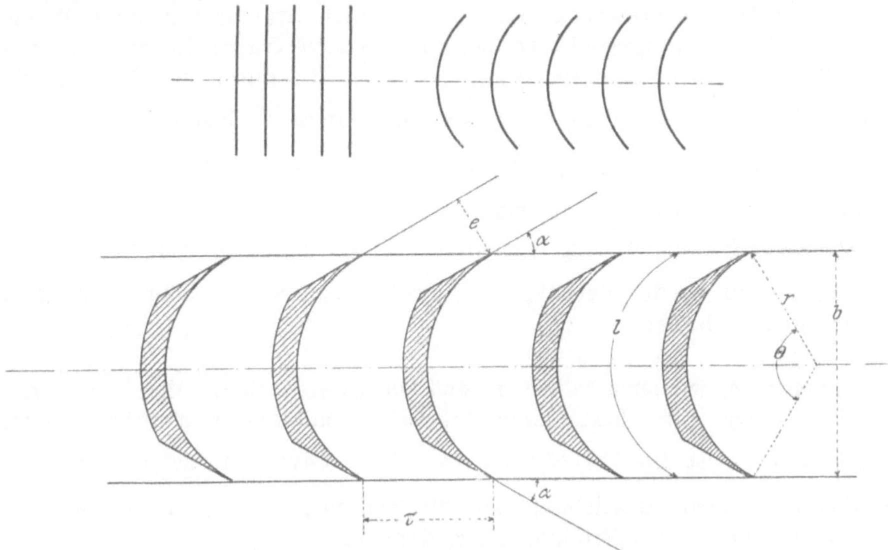

Fig. 40 und 41.

Es sei ein aus zwei nebeneinander stehenden Schaufeln mit dem Krümmungshalbmesser r gebildeter Kanal betrachtet, Fig. 41. Ein- und Austrittwinkel seien gleich:

$$\alpha_1 = \alpha_2 = \alpha.$$

Ferner sei

    l die mittlere Länge des Kanales,
    a » radiale » der Schaufel,
    e » Stärke des Dampfstrahles.

Dann wird der Energieverlust, wie in der Hydraulik, zu:

$$h = \zeta_r \frac{U}{F} l \frac{w^2}{2g} \quad \dots \dots \dots \dots \quad (47),$$

wobei wieder:

    U Umfang des Kanales,
    F sein Querschnitt.

Es ist:

$$U = 2\,(e + a)$$

und
$$F = e\,a.$$

Setzt man diese Werte in Gl. (47) ein, so wird

$$h = 2\,\zeta_r \left(1 + \frac{e}{a}\right) \frac{l}{e} \frac{w^2}{2g} \quad . \quad . \quad . \quad . \quad . \quad . \quad (54).$$

Die Verluste werden folglich von den Verhältnissen $\frac{l}{e}$ und $\frac{e}{a}$ abhängen, von denen das erstere als das ausschlaggebende erscheint und deshalb besonders zu berücksichtigen ist. Stodola meint, daß ein Konstrukteur das Verhältnis $\frac{l}{e}$ leicht nach Gefühl bestimmen kann, und betrachtet nur $\frac{e}{a}$ genauer, aus dem hervorgeht, daß der Energieverlust proportional e ist. Demnach wäre es von Vorteil, e in gewissen Grenzen klein zu wählen.

Stodola beachtet dabei zwei Faktoren nicht näher: mit der Verkleinerung von e wächst der Widerstandskoeffizient ζ_r ähnlich, wie es für die Reibung in Röhren von Lorenz festgestellt worden ist, wo sich ζ umgekehrt proportional $D^{0,31}$ stellt. Außerdem sind die Verluste selbst, die durch die Wahl des Verhältnisses $\frac{e}{a}$ bedingt sind, im Vergleich mit andern Verlusten so gering, daß sogar eine nicht ganz glückliche Wahl von $\frac{e}{a}$ nur einen kleinen Einfluß auf die gesamten Verluste auszuüben vermag.

Anders steht es mit dem Verhältnis $\frac{l}{e}$, das mit dem Umlenkungsverlust, der ja seinerseits wieder den Wirkungsgrad wesentlich beeinflußt, im Zusammenhang steht. Es ist:

$$l = r\,\Theta.$$

Nimmt man, wie auch früher an, daß eine gewisse Stärke des Dampfstrahles nur durch einen ganz bestimmten Krümmungshalbmesser günstig umgelenkt werden kann, so ist das Verhältnis $\frac{l}{e} = \frac{r}{e}\,\Theta$ bei unveränderlichem Θ als unveränderlich anzusehen. Bezeichnet man die Teilung, d. h. die Entfernung einer Schaufelkante von der folgenden, mit τ, dann ist

$$e = \tau \sin \alpha \quad . \quad . \quad . \quad . \quad . \quad . \quad . \quad . \quad (55)$$

und

$$\frac{l}{e} = \frac{r\,\Theta}{\tau \sin \alpha} = \frac{2\,r\,(90 - \alpha)}{\tau \sin \alpha} \quad . \quad . \quad . \quad . \quad . \quad . \quad (56).$$

Aus dieser Gleichung geht klar hervor, daß die Teilung eine Funktion des Krümmungshalbmessers und des Eintrittwinkels ist

$$\tau = f(r\,\alpha) \quad . \quad . \quad . \quad . \quad . \quad . \quad . \quad . \quad (57).$$

Zwecks Lösung dieser Funktion wurde zuerst α unverändert gehalten und die Veränderlichkeit τ mit r untersucht, dann aber die Veränderlichkeit τ von α bei unveränderlichem r.

Hierbei kamen die auf obige Weise vorbereiteten Schaufeln (Zahlentafel 13) mit 8 verschiedenen Profilen zur Verwendung, die in ihren Abmessungen den im Dampfturbinenbau üblichen entsprechen. Die Schaufeln der de Laval-Turbinen z. B. sind 10 mm breit, Ein- und Austrittwinkel sind 30°. Die Sachaufeln der Görlitzer Maschinenbauanstalt (Zoelly-Turbine) sind 22 mm breit und Ein- bezw. Austrittwinkel betragen $\alpha_1 = \infty \ 30°$ bezw. $\alpha_2 = \infty \ 25°$.

Allgemein schwankt die Schaufelbreite zwischen 10 bis 25 mm und erreicht in seltenen Fällen 30 mm. Die Breite der hier verwendeten Schaufeln beträgt bei gleichen Ein- und Austrittwinkeln $\alpha = 30^0$, $b = 10$, 15, 20, 25 mm. Die Krümmungshalbmesser sind jedesmal $r = \dfrac{b}{V\,3}$. Zugleich mit der Veränderung des Krümmungshalbmessers wurde auch die Schaufelstärke s abgeändert. Die Schaufelarten wurden bei den Teilungen $\tau = {}^1/_2\,r$, r, 1,5 r, 2 r untersucht. Als

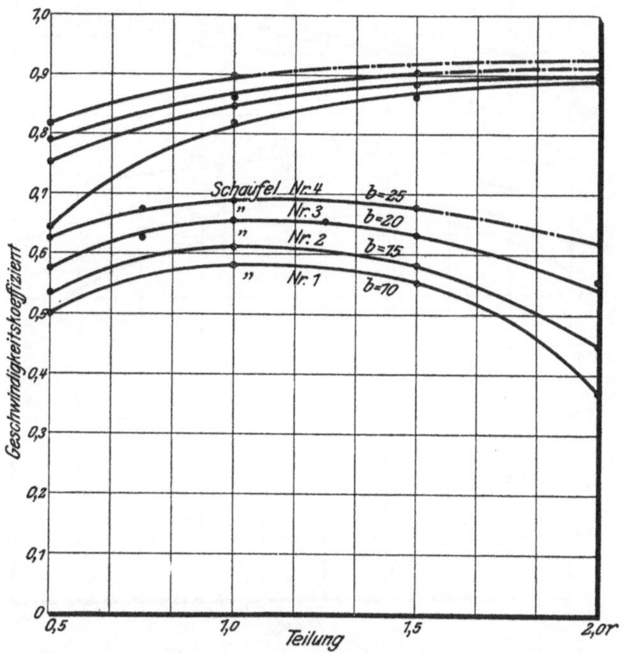

Fig. 42. Geschwindigkeitskoeffizient ψ bei verschiedenen Teilungen und Krümmungshalbmessern für Schaufeln und Platten bei rd. 75 m/sk. $\alpha = 30^0$.

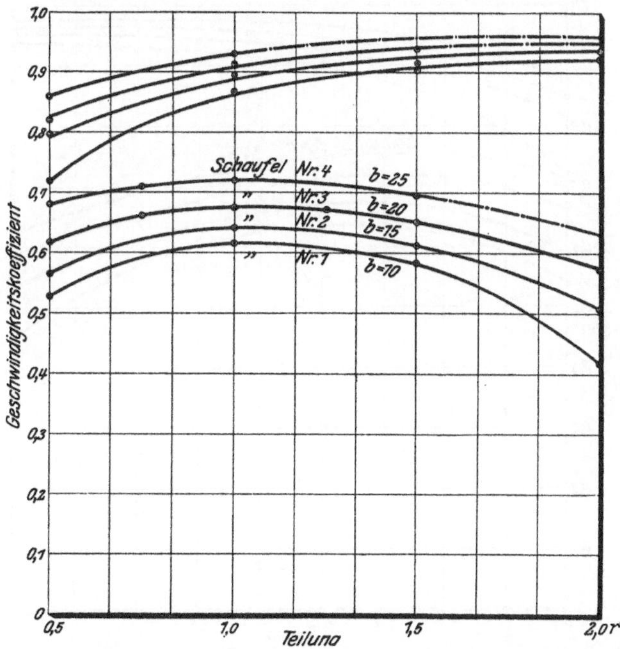

Fig. 43. Geschwindigkeitskoeffizient ψ bei verschiedenen Teilungen und Krümmungshalbmessern für Schaufeln und Platten bei rd. 150 m/sk. $\alpha = 30^0$.

Leitrad diente die schon oben erwähnte kegelige Düse von 8,₆₅ mm Dmr. m
einem Winkel $\alpha = 30^0$ an der Mündung. Für große Schaufeln wurden die Ve⟩
suche außerdem mit einer ähnlichen Düse von einem engsten Dmr. 12 mɪ
wiederholt, um zu erreichen, daß wenigstens ein Kanal von Dampf erfüllt waɪ

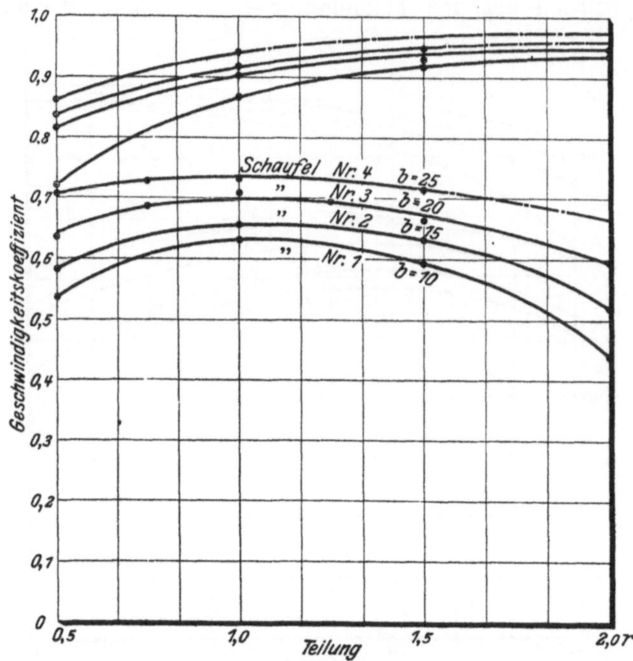

Fig. 44. Geschwindigkeitskoeffizient ψ bei verschiedenen Teilungen und Krümmungshalbmesser
für Schaufeln und Platten bei rd. 225 m/sk. $\alpha = 30^0$.

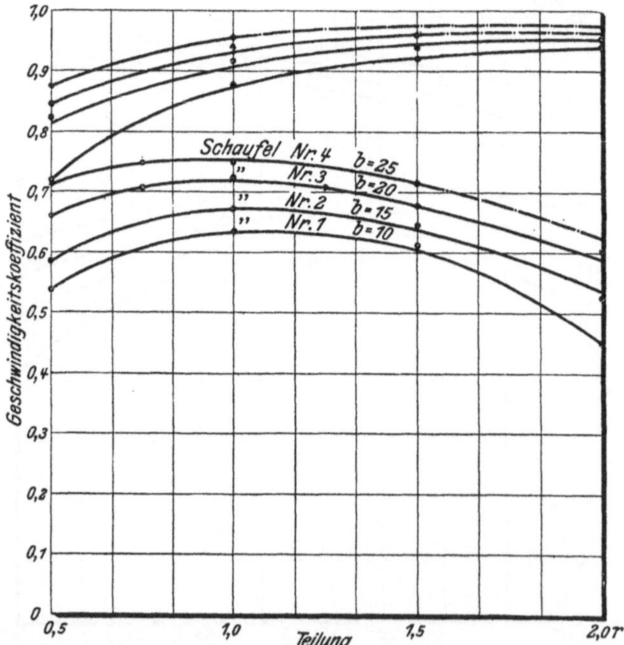

Fig. 45. Geschwindigkeitskoeffizient ψ bei verschiedenen Teilungen und Krümmungshalbmesser
für Schaufeln und Platten bei rd. 300 m/sk. $\alpha = 30^0$.

Die Ergebnisse blieben dabei dieselben wie im ersten Falle, weshalb sie neben diesen nicht wiedergegeben worden sind. Um den Versuch nicht zu weit auszudehnen und die Kurven der Diagramme, Fig. 42 bis 46, nur gerade genau genug ziehen zu können, wurden die Untersuchungen in der Weise begrenzt, daß nur für eine Art Schaufeln 6 Punkte festgelegt wurden, für die anderen aber nur 4. Denn, wenn der Verlauf einer Kurve aufgeklärt ist, so dürften die anderen auch durch nur 4 Punkte genügend bestimmt sein. Die Versuchsergebnisse sind aus den Zahlentafeln 14 bis 17 und den Diagrammen, Fig. 42 bis 46, ersichtlich. In den Zahlentafeln sind mit R_0 die unmittelbaren Plattendrücke, mit R_1, R_2, R_3, R_4, und ψ_1, ψ_2, ψ_3, ψ_4 die den 4 Krümmungshalbmessern

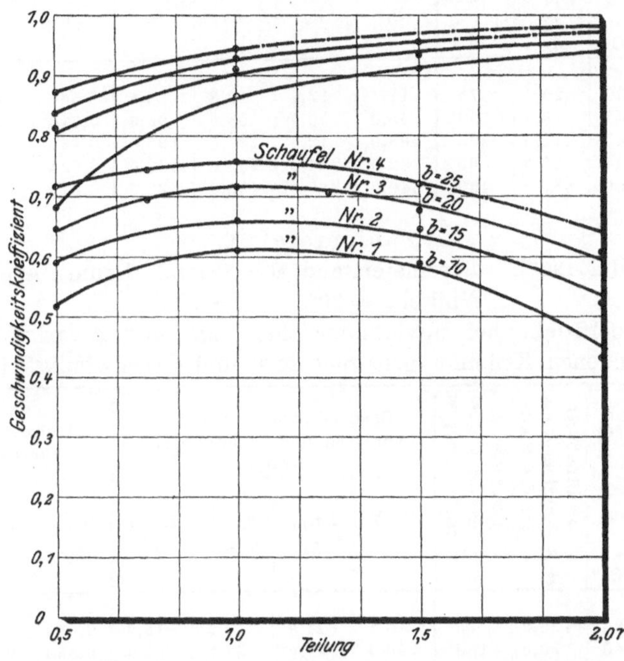

Fig. 46. Geschwindigkeitskoeffizient ψ bei verschiedenen Teilungen und Krümmungshalbmessern für Schaufeln und Platten bei rd. 400 m/sk. $\alpha = 30^0$.

Zahlentafel 14.

Dienstag, 11. Juni 1907. Barometerstand $B = 749{,}2$. Raumtemperatur $t = 24^0$.

$$\text{Winkel } \alpha = 30^0. \qquad \tau = \frac{r}{2}.$$

Geschwindigkeitskoeffizient bei unveränderlichen Ein- und Austrittswinkeln und verschiedenen Krümmungshalbmessern und Geschwindigkeiten.

Nr. des Versuches	Manometer-ablesungen		Temperatur im Ausflußgefäß t °C	unmittelbarer Reaktionsdruck auf die Platte R_0 g	Geschwindigkeit des austretenden Dampfes $w = $ rd. m	Reaktionsdrücke bei Einschaltung der Schaufelprofile Gramm				Geschwindigkeitskoeffizienten für die Schaufelprofile			
	links	rechts				Nr. 1 R_1	Nr. 2 R_2	Nr. 3 R_3	Nr. 4 R_4	Nr. 1 ψ_1	Nr. 2 ψ_2	Nr. 3 ψ_3	Nr. 4 ψ_4
1	65 H₂O	130	130	20,0	75	10,0	10,7	11,5	12,5	0,500	0,535	0,575	0,625
2	50 Hg	46,4	140	78,0	150	41,0	44,0	48,0	53,0	0,526	0,564	0,615	0,680
3	85 »	83,7	145	171,5	225	92,0	100,0	109,0	121,0	0,537	0,583	0,636	0,706
4	145 »	144,7	145	320,0	300	172,0	187,0	211,0	228,0	0,538	0,585	0,660	0,713
5	250 »	253	150	558,0	400	288,0	329,0	360,0	400.0	0,517	0,590	0,646	0,716

Zahlentafel 15.

Donnerstag, 13. Juni 1907.   Barometerstand $B = 749{,}0$.   Raumtemperatur $t = 20^0$.

Winkel $\alpha = 30^0$. $\tau = r$.

Geschwindigkeitskoeffizient bei unveränderlichen Ein- und Austrittswinkeln und verschiedenen Krümmungshalbmessern und Geschwindigkeiten.

Nr. des Versuches	Manometerablesungen		Temperatur im Ausflußgefäß	unmittelbarer Reaktionsdruck auf die Platte	Geschwindigkeit des austretenden Dampfes	Reaktionsdrücke bei Einschaltung der Schaufelprofile Gramm				Geschwindigkeitskoeffizienten für die Schaufelprofile			
	links	rechts	t ^{0}C	R_0 g	$w = $ rd. m	Nr. 1 R_1	Nr. 2 R_2	Nr. 3 R_3	Nr. 4 R_4	Nr. 1 ψ_1	Nr. 2 ψ_2	Nr. 3 ψ_3	Nr. 4 ψ_4
1	65 H₂O	130	130	20,0	75	11,6	12,2	12,8	13,8	0,580	0,610	0,640	0,690
2	50 Hg	142	142	78,0	150	48,0	50,0	53,0	56,0	0,616	0,641	0,680	0,718
3	85 »	145	145	171,0	225	108,0	112,0	121,5	125,0	0,632	0,656	0,711	0,731
4	145 »	144,8	144	319,0	300	202,0	214,0	232,0	239,0	0,634	0,671	0,728	0,750
5	250 »	252,9	150	557,0	400	340,0	368,0	400,0	422,0	0,610	0,660	0,718	0,758

Zahlentafel 16.

Freitag, 14. Juni 1907.   Barometerstand $B = 751{,}2$.   Raumtemperatur $t = 20^0$.

Winkel $\alpha = 30^0$. $\tau = 1{,}5\,r$.

Geschwindigkeitskoeffizient bei unveränderlichen Ein- und Austrittswinkeln und verschiedenen Krümmungshalbmessern und Geschwindigkeiten.

Nr. des Versuches	Manometerablesungen		Temperatur im Ausflußgefäß	unmittelbarer Reaktionsdruck auf die Platte	Geschwindigkeit des austretenden Dampfes	Reaktionsdrücke bei Einschaltung der Schaufelprofile Gramm				Geschwindigkeitskoeffizienten für die Schaufelprofile			
	links	rechts	t ^{0}C	R_0 g	$w = $ rd. m	Nr. 1 R_1	Nr. 2 R_2	Nr. 3 R_3	Nr. 4 R_4	Nr. 1 ψ_1	Nr. 2 ψ_2	Nr. 3 ψ_3	Nr. 4 ψ_4
1	65 H₂O	130,0	130	125,0	75	10,7	11,3	12,3	13,2	0,550	0,580	0,631	0,677
2	50 Hg	47,2	140	79,0	150	46,0	48,5	51,5	55,0	0,583	0,614	0,651	0,696
3	85 »	83,9	145	171,0	225	101,3	108,0	113,6	122,0	0,592	0,631	0,665	0,714
4	145 »	144,9	145	319,0	300	195,0	206,0	216,0	228,0	0,612	0,646	0,678	0,715
5	250 »	253,2	150	557,0	400	328,0	360,0	377,0	400,0	0,589	0,646	0,676	0,718

Zahlentafel 17.

Sonnabend, 15. Juni 1907.   Barometerstand $B = 753{,}4$.   Raumtemperatur $t = 25^0$.

Winkel $\alpha = 30^0$. $\tau = 2\,r$.

Geschwindigkeitskoeffizient bei unveränderlichen Ein- und Austrittswinkeln und verschiedenen Krümmungshalbmessern und Geschwindigkeiten.

Nr. des Versuches	Manometerablesungen		Temperatur im Ausflußgefäß	unmittelbarer Reaktionsdruck auf die Platte	Geschwindigkeit des austretenden Dampfes	Reaktionsdrücke bei Einschaltung der Schaufelprofile Gramm				Geschwindigkeitskoeffizienten für die Schaufelprofile			
	links	rechts	t ^{0}C	R_0 g	$w = $ rd. m	Nr. 1 R_1	Nr. 2 R_2	Nr. 3 R_3	Nr. 4 R_4	Nr. 1 ψ_1	Nr. 2 ψ_2	Nr. 3 ψ_3	Nr. 4 ψ_4
1	65 H₂O	130,0	130	19,0	75	7,0	8,5	10,5	—	0,368	0,447	0,553	—
2	50 Hg	46,5	140	77,0	150	32,0	39,0	44,0	—	0,416	0,507	0,572	—
3	85 »	83,7	145	168,0	225	74,0	87,0	100,0	—	0,440	0,518	0,595	—
4	145 »	144,3	145	317,0	300	143,0	167,0	191,0	—	0,451	0,527	0,603	—
5	250 »	253,0	150	556,0	400	239,0	290,0	337,0	—	0,430	0,521	0,606	—

entsprechenden Schaufelreaktionsdrücke und ihre Geschwindigkeitskoeffizienten bezeichnet. Die 5 Zahlentafeln samt den zugehörigen Diagrammen sind für die 5 verschiedenen Geschwindigkeiten $w = 75, 150, 225, 300, 400$ m/sk aufgenommen. Die wirklichen Geschwindigkeiten bei den Versuchen waren die in den Tafeln 9 und 10 angegebenen. Hier sind nur die abgerundeten Werte angeführt.

Die Kurven haben einen stetigen Verlauf und weisen alle bei $\tau = r$ einen Höchstwert auf

$$\tau_g = r \quad . \quad . \quad . \quad . \quad . \quad . \quad . \quad . \quad . \quad (58).$$

Wie die Diagramme zeigen, wächst der Geschwindigkeitskoeffizient ψ mit zunehmendem Krümmungshalbmesser, ungeachtet dessen, daß die von Dampf bespülte Oberfläche dieselbe geblieben ist — ein Ergebnis, das schon früher erwartet wurde.

Die Art des Verlaufes der Kurven bei verschiedenen Geschwindigkeiten ist dieselbe, und die günstigste Teilung besteht bei $\tau = r$, nur liegen die Kurven bei größeren Geschwindigkeiten entsprechend höher. Daraus folgt:

Die günstigste Teilung hängt nicht von der Geschwindigkeit ab, mit der der Dampf die Schaufeln durchströmt und ist bei $\alpha = 30^0$ stets gleich dem Krümmungshalbmesser der Schaufel. Aus Fig. 41 ergibt sich

$$e = \tau \sin \alpha = r \sin 30^0 = \frac{r}{2},$$

d. h. die günstigste Dampfstrahlstärke, mit der die Schaufel beaufschlagt werden kann, ist gleich ihrem halben Krümmungshalbmesser.

Die Versuchsergebnisse lassen klar erkennen, welch geringen Einfluß das Verhältnis

$$\frac{e}{a} = \frac{r}{2\,a},$$

auf die zweckmäßigste Schaufelform ausübt. In allen vorliegenden Fällen blieb neben der radialen Schaufellänge $l = 25$ mm auch a unverändert gleich der Breite des Leitrades (hier gleich dem Durchmesser der Düse) und abgesehen von der Veränderlichkeit des Krümmungshalbmessers in den Grenzen $r = \frac{10}{\sqrt{3}}$ bis $r = \frac{25}{\sqrt{3}}$, d. h. einer Vergrößerung von r um das $2{,}5$fache, ergab sich die günstigste Kanalweite dennoch zu $e = \frac{r}{2}$. Deshalb hat die Bemerkung Stodolas, daß die Teilung eine Funktion auch der radialen Schaufellänge ist, für die Praxis weniger Bedeutung. Die Görlitzer Maschinenbauanstalt z. B. nimmt auch bei Schaufellängen von $4{,}5$ bis 200 mm, also in sehr großen Grenzen, eine und dieselbe Teilung an. Dabei ist als Teilkreis immer der äußere Scheibenkranz des Laufrades angenommen, auf dem die Schaufeln aufsitzen, so daß die Teilung am Kopfe der Schaufeln je nach der Schaufellänge entsprechend größer ausfällt.

Natürlich muß sich eine solche kleine Erhöhung der Teilung bei langen Schaufeln als günstig erweisen.

In den Diagrammen 42 bis 46 sind die unteren Kurven mehr gekrümmt als die oberen, was darauf hindeutet, daß eine unzutreffende Teilung für diese Schaufeln den Wirkungsgrad stark herabsetzen kann. So z. B. kann eine Verkleinerung der Teilung um 2 mm bei Schaufelbreiten von 10 mm einen Verlust an Geschwindigkeit zu 5 vH herbeiführen. Des weiteren ist ersichtlich, daß die oberen Kurven vom Höchstpunkt aus nach links weniger abfallen, d. h. günstiger verlaufen als nach rechts, während die unteren gerade nach rechts günstiger gekrümmt sind.

Deshalb muß bei der Wahl der Teilung, falls sie im Radumfange $2\,\pi\,R$ nicht restlos aufgehen sollte, die nötige Kürzung so vorgenommen werden, daß man die Teilung für große Schaufeln, von 20 mm Breite und darüber, kleiner annimmt, für kleinere Schaufeln dagegen größer. Besonders nötig erscheint dies bei kleineren Geschwindigkeiten; bei größeren von rd. 400 m/sk verlaufen die Kurven fast äquidistant.

Es wäre naheliegend, die hier aufgestellte Gl. (58) mit den Ergebnissen der Bankischen Untersuchungen zu vergleichen. Obwohl sich Banki zur Ermittlung der günstigsten Teilung gewöhnlich auf 2 oder 3 Versuche beschränkt hat (nur in einem Falle wurden von ihm 4 Versuche vorgenommen), so könnte man wohl auch noch durch 3 Punkte eine Kurve ziehen, da ja aus den vorliegenden Versuchen hervorgeht, daß die ψ-Werte bei verschiedenen Teilungen einen sehr gleichmäßigen Verlauf haben. So z. B. würde sich für einen Schaufelkanal von überall gleichem Querschnitte und einer Schaufelbreite 52,5 mm die in Fig. 47 dargestellte Kurve ergeben. Der Eintrittwinkel α ist dabei, wie

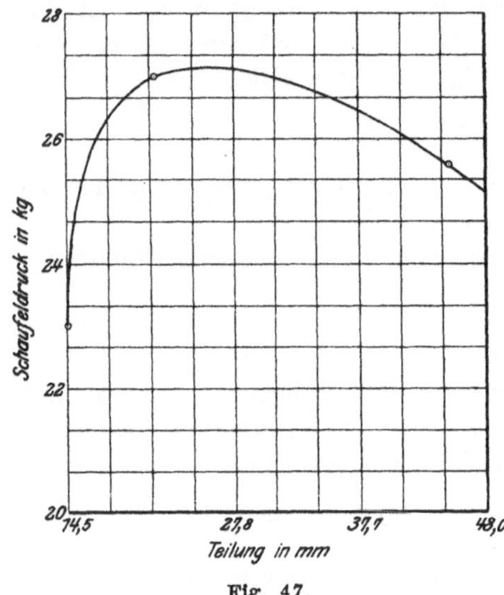

Fig. 47.

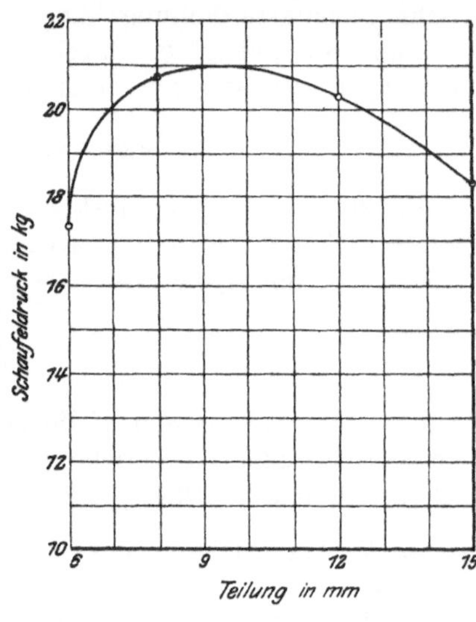

Fig. 48.

auch aus der Figur hervorgeht, zu 30^0 angenommen worden. Dann ist der Krümmungshalbmesser der Schaufel

$$r = \frac{b}{\sqrt{3}} = \frac{52,5}{\sqrt{3}} = \infty\ 30,5\ \text{mm}.$$

Die günstigste Teilung liegt, wie sich ebenfalls aus dem Diagramm ermitteln läßt, bei ∞ 30 mm, so daß sich eine vollständige Uebereinstimmung mit der aufgestellten Gl. (58) ergibt. Dasselbe trifft auch bei Schaufeln von überall gleicher Wandstärke zu, bei $b = 25$ mm und $b = 12$ mm. Für $b = 25$ mm sind bei Banki nur 2 Ablesungen zu finden: bei $\tau = 1{,}28\ r$ und $\tau = r$. Die Reaktionsdrücke auf die Schaufeln blieben dieselben, so daß die günstigste Teilung zwischen beiden obigen Werten liegen muß. Sie würde ungefähr bei $\tau = 1{,}1\ r$ liegen. Für $b = 12$ mm stehen 4 Punkte zur Verfügung, durch die die Kurve, Fig. 48, gelegt sei. Der Krümmungshalbmesser dieser Schaufel ist $r = \frac{12}{\sqrt{3}} = \infty\ 7\,\text{mm}$.

Dem Diagramm nach dagegen ist $\tau_g = \infty$ 9 mm, d. h. bei fast $\tau = \infty\ 1{,}3\ r$, ein Wert, der der aufgestellten Gl. (58) widerspricht. Dieser Widerspruch könnte dadurch erklärt sein, daß der erste der 4 Punkte möglicherweise nicht ganz

genau ermittelt worden ist — eine Vermutung, die auch infolge des starken
Abfalles der Kurve nach links an Wahrscheinlichkeit gewinnt.

Es sei noch die Ansicht A. Stodolas über die Teilung angeführt: »Als
praktische Grenzen können wir bei Längen von 20 bis 30 mm etwa 8 bis 10 mm
axiale Breite und 5 bis 6 mm Teilung, bei ganz langen Schaufeln (200 bis
300 mm) etwa 25 mm Breite und 14 bis 16 mm Teilung ansehen.« Obgleich
hier nichts über den Eintrittwinkel gesagt wird, kann man wohl annehmen,
daß ein Winkel von 30° gemeint ist, besonders da Stodola seine Versuche
bei diesem in der Praxis am meisten verbreiteten Winkel vorgenommen hat.
In Zahlentafel 18 sind in den ersten 3 Spalten die Länge der Schaufeln, ihre
Breite und die ihnen entsprechende Teilung nach Stodola, in der 4. Spalte der

Zahlentafel 18.

l	b	τ	$r = \dfrac{b}{\sqrt{3}}$
20 bis 30	8 bis 10	5 bis 6	4,6 bis 5,8
200 » 300	25	14 » 16	14,43

zugehörige Krümmungshalbmesser $r = \dfrac{b}{\sqrt{3}}$ angeführt worden. Wie ersichtlich,
fallen die in der Praxis vorkommenden Werte der günstigsten Teilung mit
denen der Gl. (58), d. h. $\tau_g = r$, fast genau zusammen. Die Abweichungen betragen nur Bruchteile von Millimetern.

Die Annahme, daß die günstigste Teilung immer gleich dem Krümmungshalbmesser der Schaufel ist, kann natürlich nicht für alle Schaufelprofile gelten.
So z. B. hat Banki für einen Schaufelkanal von überall gleichem Querschnitt
$\tau_g = 1{,}15\,r$ gefunden. Daß der Reaktionsdruck bei kleiner werdenden Teilungen
fällt, stammt davon her, daß dies Profil gerade für diese Teilung gebaut ist und
nur bei ihr einen überall gleichen Querschnitt aufweist. Werden die Schaufeln
enger gestellt, so wird der Kanal verengt, das freie Durchströmen des Dampfes
verhindert und der Wirkungsgrad der Schaufeln heruntergesetzt. Für Kanäle
aber, die aus einfachen Blechplatten hergestellt sind und folglich in der Mitte
eine Vergrößerung des Kanalquerschnittes aufweisen, und für solche von überall
gleichem Querschnitt ist die gefundene Beziehung stets zutreffend.

Ferner sei der Einfluß des Eintrittwinkels α auf die Teilung verfolgt:
Es war festgestellt worden, daß für $\alpha = 30°$

$$e = \frac{r}{2}$$

sein muß.

Es ist klar, daß e mit der Veränderlichkeit des Eintrittwinkels unverändert
bleiben muß, da auch das Profil des Kanales dasselbe bleibt und nur seine
Länge eine Änderung erfahren wird. Sieht man dies als zutreffend an, so
kann man ohne weiteres die allgemeine Formel der günstigsten Teilung ab-
hängig von r und α aufstellen, d. h. die frühere Funktion $\tau = f(r, \alpha)$ auflösen.
Es besteht die Beziehung:

$$\tau = \frac{e}{\sin \alpha},$$

und setzt man $e = \frac{1}{2}r$, so ergibt sich die allgemeine Gleichung für die günstigste Teilung:

$$\tau_g = \frac{r}{2 \sin \alpha} \quad \cdots \cdots \cdots \quad (59).$$

center:— 36 —

Zahlentafel 19.

Mittwoch, 19. Juni 1907.   Barometerstand $B = 746{,}7$.   Raumtemperatur $t = 20^0$.

$$\tau = r.$$

Geschwindigkeitskoeffizient bei unveränderlichem Krümmungshalbmesser, bei verschiedenen Eintrittwinkeln und Geschwindigkeiten.

Nr. des Versuches	Manometerablesungen			Temperatur im Ausflußgefäß t ^{0}C	unmittelbarer Reaktionsdruck auf die Platte R_0 g	Geschwindigkeit des austretenden Dampfes $w = $ rd. m	Reaktionsdrücke bei Einschaltung der Schaufelprofile Gramm				Geschwindigkeitskoeffizienten für die Schaufelprofile			
	links	rechts					Nr. 5 R_5 Winkel $\alpha = 20^0$	Nr. 6 R_6 Winkel $\alpha = 30^0$	Nr. 7 R_7 Winkel $\alpha = 40^0$	Nr. 8 R_8 Winkel $\alpha = 50^0$	Nr. 5 ψ_5 Winkel $\alpha = 20^0$	Nr. 6 ψ_6 Winkel $\alpha = 30^0$	Nr. 7 ψ_7 Winkel $\alpha = 40^0$	Nr. 8 ψ_8 Winkel $= 50^0$
1	65	H$_2$O 130,0		130	19,5	75	11,5	12,8	13,5	13,7	0,590	0,657	0,682	0,703
2	50	Hg 46,4		140	78,0	150	48,0	52,6	55,0	56,2	0,616	0,675	0,705	0,720
3	85	» 83,7		145	172,0	225	108,0	121,5	125,5	129,0	0,628	0,707	0,730	0,750
4	145	» 144,6		145	321,0	300	202,5	232,0	241,0	249,0	0,632	0,723	0,752	0,777
5	250	» 253,0		150	559,0	400	350,0	400,0	412,0	426,0	0,627	0,716	0,738	0,763

Zahlentafel 20.

Donnerstag, 20. Juni 1907.   Barometerstand $B = 751{,}2$.   Raumtemperatur $t = 22^0$.

$$\tau = {}^3/_4\, r.$$

Geschwindigkeitskoeffizient bei unveränderlichem Krümmungshalbmesser, bei verschiedenen Eintrittwinkeln und Geschwindigkeiten.

Nr. des Versuches	Manometerablesungen			Temperatur im Ausflußgefäß t ^{0}C	unmittelbarer Reaktionsdruck auf die Platte R_0 g	Geschwindigkeit des austretenden Dampfes $w = $ rd. m	Reaktionsdrücke bei Einschaltung der Schaufelprofile Gramm				Geschwindigkeitskoeffizienten für die Schaufelprofile			
	links	rechts					Nr. 5 R_5 Winkel $\alpha = 20^0$	Nr. 6 R_6 Winkel $\alpha = 30^0$	Nr. 7 R_7 Winkel $\alpha = 40^0$	Nr. 8 R_8 Winkel $\alpha = 50^0$	Nr. 5 ψ_5 Winkel $\alpha = 20^0$	Nr. 6 ψ_6 Winkel $\alpha = 30^0$	Nr. 7 ψ_7 Winkel $\alpha = 40^0$	Nr. 8 ψ_8 Winkel $= 50^0$
1	65	H$_2$O 130,0		130	19,5	75	11,2	12,2	14,2	14,6	0,575	0,626	0,729	0,748
2	50	Hg 46,5		140	79,0	150	46,0	52,0	59,0	60,0	0,583	0,659	0,748	0,760
3	85	» 83,5		145	172,0	225	102,0	118,0	131,0	135,0	0,593	0,687	0,762	0,785
4	145	» 144,6		145	320,0	300	194,0	226,0	247,0	259,0	0,607	0,706	0,772	0,810
5	250	» 253,0		150	557,0	400	338,0	387,0	425,0	447,0	0,607	0,695	0,763	0,803

Zahlentafel 21.

Donnerstag (Nachmittag), 20. Juni 1907. Barometerstand $B = 751{,}2$. Raumtemperatur $t = 22^0$

$$\tau = {}^5/_4\, r.$$

Geschwindigkeitskoeffizient bei unveränderlichem Krümmungshalbmesser, bei verschiedenen Eintrittwinkeln und Geschwindigkeiten.

Nr. des Versuches	Manometerablesungen			Temperatur im Ausflußgefäß t ^{0}C	unmittelbarer Reaktionsdruck auf die Platte R_0 g	Geschwindigkeit des austretenden Dampfes $w = $ rd. m	Reaktionsdrücke bei Einschaltung der Schaufelprofile Gramm				Geschwindigkeitskoeffizienten für die Schaufelprofile			
	links	rechts					Nr. 5 R_5 Winkel $\alpha = 20^0$	Nr. 6 R_6 Winkel $\alpha = 30^0$	Nr. 7 R_7 Winkel $\alpha = 40^0$	Nr. 8 R_8 Winkel $\alpha = 50^0$	Nr. 5 ψ_5 Winkel $\alpha = 20^0$	Nr. 6 ψ_6 Winkel $\alpha = 30^0$	Nr. 7 ψ_7 Winkel $\alpha = 40^0$	Nr. 8 ψ_8 Winkel $= 50^0$
1	65	H$_2$O 130,0		130	19,5	75	11,8	12,7	—	12,4	0,605	0,651	—	0,635
2	50	Hg 46,5		140	79,0	150	50,0	53,0	—	50,7	0,633	0,671	—	0,650
3	85	» 83,5		145	172,0	225	110,0	119,5	—	116,7	0,640	0,695	—	0,678
4	145	» 144,6		145	320,0	300	208,0	227,0	—	227,0	0,650	0,707	—	0,710
5	250	» 253,0		150	557,0	400	360,0	394,0	—	385,0	0,647	0,707	—	0,692

Zahlentafel 22.

Donnerstag (Nachmittag), 20. Juni 1907. Barometerstand $B = 751{,}2$. Raumtemperatur $t = 22^0$.

$$\tau = 1{,}5\, r.$$

Geschwindigkeitskoeffizient bei unveränderlichem Krümmungshalbmesser, bei verschiedenen Eintrittwinkeln und Geschwindigkeiten.

Nr. des Versuches	Manometerablesungen			Temperatur im Ausflußgefäß t °C	unmittelbarer Reaktionsdruck auf die Platte R_0 g	Geschwindigkeit des austretenden Dampfes $w = $ rd. m	Reaktionsdrücke bei Einschaltung der Schaufelprofile Gramm				Geschwindigkeitskoeffizienten für die Schaufelprofile			
	links	rechts					Nr. 5 R_5 Winkel $\alpha = 20^0$	Nr. 6 R_6 Winkel $\alpha = 30^0$	Nr. 7 R_7 Winkel $\alpha = 40^0$	Nr. 8 R_8 Winkel $\alpha = 50^0$	Nr. 5 ψ_5 Winkel $\alpha = 20^0$	Nr. 6 ψ_6 Winkel $\alpha = 30^0$	Nr. 7 ψ_7 Winkel $\alpha = 40^0$	Nr. 8 ψ_8 Winkel $\alpha = 50^0$
1	65 H$_2$O	130,0	130		19,5	75	11,6	12,3	12,1	—	0,595	0,631	0,621	—
2	50 Hg	47,2	140		79,0	150	48,3	51,5	50,4	—	0,612	0,651	0,639	—
3	85 »	83,9	145		171,0	225	107,0	113,6	111,5	—	0,626	0,665	0,652	—
4	145 »	144,9	145		319,0	300	201,0	216,0	213,0	—	0,631	0,678	0,668	—
5	250 »	253,2	150		557,0	400	350,0	377,0	369,0	—	0,629	0,676	0,663	—

Zahlentafel 23.

Mittwoch, 26. Juni 1907. Barometerstand $B = 751{,}1$. Raumtemperatur $t = 30^0$.

$$\tau = \frac{r}{2}.$$

Geschwindigkeitskoeffizient bei unveränderlichem Krümmungshalbmesser, bei verschiedenen Eintrittswinkeln und Geschwindigkeiten.

Nr. des Versuches	Manometerablesungen			Temperatur im Ausflußgefäß t °C	unmittelbarer Reaktionsdruck auf die Platte R_0 g	Geschwindigkeit des austretenden Dampfes $w = $ rd. m	Reaktionsdrücke bei Einschaltung der Schaufelprofile Gramm				Geschwindigkeitskoeffizienten für die Schaufelprofile			
	links	rechts					Nr. 6 R_6 Winkel $\alpha = 30^0$	Nr. 7 R_7 Winkel $\alpha = 40^0$	Nr. 8 R_8 Winkel $\alpha = 50^0$	Nr. 8[1] R_8 Winkel $\alpha = 50^0$	Nr. 6 ψ_6 Winkel $\alpha = 30^0$	Nr. 7 ψ_7 Winkel $\alpha = 40^0$	Nr. 8 ψ_8 Winkel $\alpha = 50^0$	Nr. 8[1] ψ_8 Winkel $\alpha = 50^0$
1	65 H$_2$O	130,0	130		19,5	75	11,2	13,1	14,5	14,7	0,575	0,672	0,744	0,753
2	50 Hg	47,0	140		78,0	150	48,0	54,5	58,3	59,4	0,615	0,690	0,748	0,762
3	85 »	83,8	145		171,0	225	109,0	125,0	133,2	135,0	0,638	0,731	0,780	0,790
4	145 »	144,7	145		319,0	300	211,0	239,0	255,0	259,0	0,662	0,750	0,800	0,812
5	250 »	253,0	150		557,0	400	360,0	413,0	442,0	447,0	0,646	0,742	0,793	0,803

[1] Dieser Reaktionsdruck bezieht sich auf $\tau = \dfrac{{}^{3}/_{4}\, r + {}^{1}/_{2}\, r}{2} = {}^{5}/_{8}\, r.$

Bei $\alpha = 30^0$ geht diese Gleichung in die frühere über:

$$\tau_g = r \quad\ldots\ldots\ldots\ldots \quad (58).$$

Die Richtigkeit dieser Gleichung ist noch durch den Versuch nachzuweisen. Zu diesem Zwecke waren die in Zahlentafel 13 wiedergegebenen Schaufeln vorbereitet worden — mit verschiedenen Eintrittwinkeln, $\alpha = 20^0$, 30^0, 40^0, 50^0, und einem Krümmungshalbmesser $r = \dfrac{20}{\sqrt{3}} = 11{,}55$ mm.

Für jede dieser Schaufelarten wurden die Versuche bei verschiedenen Teilungen und Geschwindigkeiten vorgenommen (siehe Zahlentafeln 19 bis 23 und Diagramme 49 bis 51). In jedem Diagramm sind die Kurven für verschiedene Geschwindigkeiten entworfen worden, und man sieht, daß sie äquidistant verlaufen und dadurch den früher gezogenen Schluß bestätigen, daß nämlich die günstigste Teilung nicht von der Geschwindigkeit abhängt, mit welcher der Dampf die Schaufeln durchströmt.

In Zahlentafel 24 sind die nach Gl. (59) berechneten günstigsten Teilungen für verschiedene α angeführt.

Im Grenzfalle, $\alpha = 0^0$, ist $\tau_g = \infty$, d. h. es kann kein Dampfeinlaß stattfinden. Bei $\alpha = 90^0$ ist $\tau_g = 0{,}5\,r$.

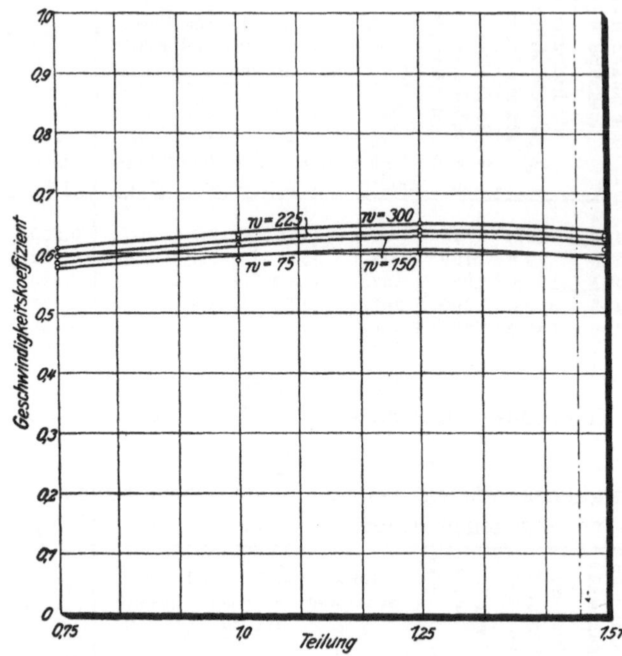

Fig. 49. Geschwindigkeitskoeffizient ψ bei verschiedenen Teilungen und Krümmungshalbmessern. $\alpha = 20^0$.

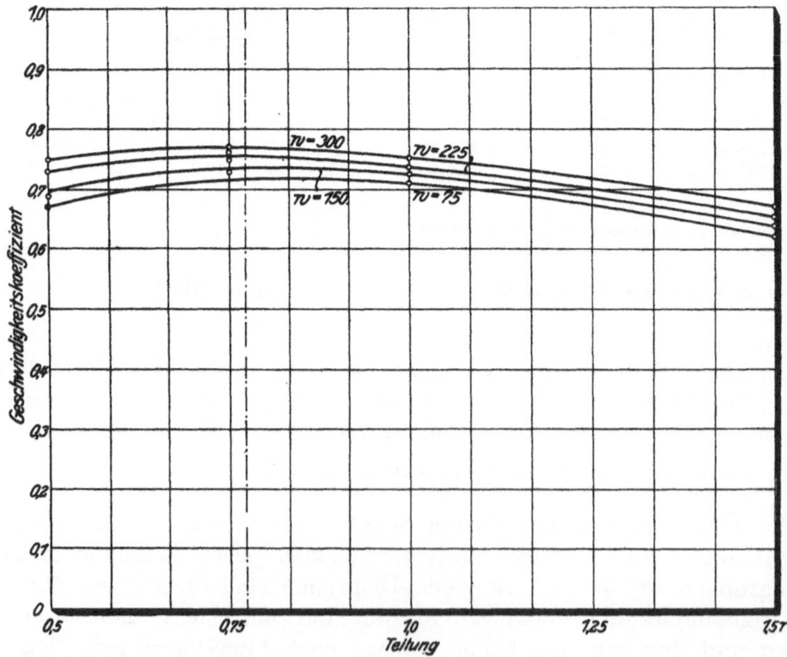

Fig. 50. Geschwindigkeitskoeffizient ψ bei verschiedenen Teilungen und Geschwindigkeiten. $\alpha = 40^0$.

In Diagramm, Fig. 49, bei $\alpha = 20^0$, ist eine kleine Abweichung von Gl. (59) bemerkbar. Die günstigste Teilung liegt hier nicht bei 16,4 mm, wie es nach Gl. (59) sein müßte, sondern bei 15 mm, ohne dabei den Geschwindigkeitkoeffizienten stark herabzusetzen (weniger als 1 vH). Die kleine Ungenauigkeit könnte darin ihre Erklärung finden, daß rechts vom Höchstpunkt nach Gl. (59)

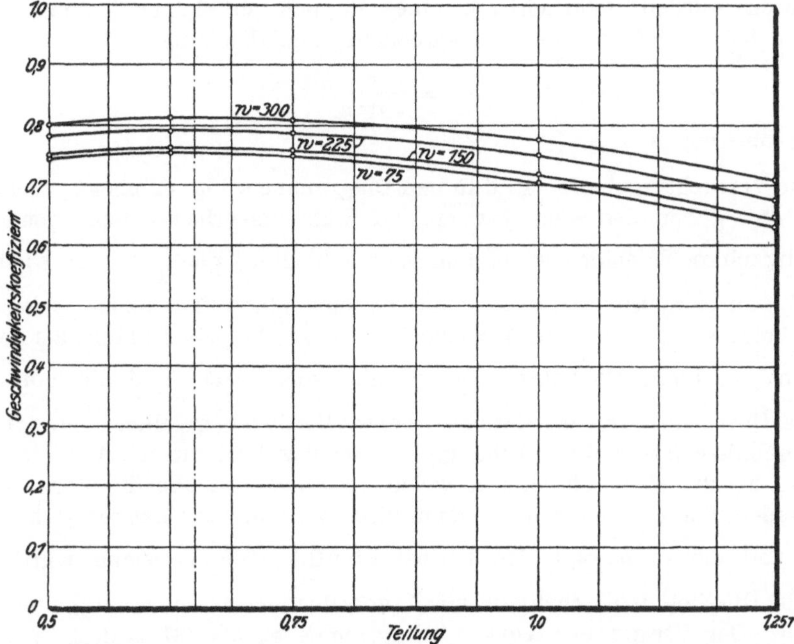

Fig. 51 Geschwindigkeitskoeffizient ψ bei verschiedenen Teilungen und Geschwindigkeiten. $\alpha = 50^0$.

<table>
<tr><td colspan="2" align="center">Zahlentafel 24.</td></tr>
</table>

α	τ_g
0^0	∞
20^0	$1{,}46\,r$
30^0	r
40^0	$0{,}778\,r$
50^0	$0{,}653\,r$
90^0	$0{,}5\,r$

Zahlentafel 25a.

Nr.	b	$r\,\Theta$
1	10	12
2	15	18
3	20	24
4	25	30

(gestrichelte Linie) nur ein Punkt zur Kontrolle liegt, und daß dieser möglicherweise nicht ganz genau ermittelt wurde. Der Versuch hätte noch über $\tau = 2r$ hinaus fortgesetzt werden müssen, um die Kurven mit voller Bestimmtheit entwerfen zu können.

Bei $\alpha = 40^0$ und $\alpha = 50^0$, Fig. 50 und 51, stimmen die Ergebnisse genau mit der Gleichung überein, und ψ_{max} liegt bei $\tau_g = 0{,}778\,r$ und $\tau_g = 0{,}653\,r$.

Auf diese Weise könnte man die Frage der günstigsten Teilung für Freistrahlturbinenschaufeln von überall gleichem Kanalquerschnitt oder solche aus Blechplatten hergestellte Schaufeln bei Geschwindigkeiten unterhalb der Schallgeschwindigkeit als gelöst betrachten. Wenn in dieser Frage bisher nicht genügende Klarheit geherrscht hat, so könnte man den Grund dazu in einer ungünstig gewählten, die Hauptverluste bedingenden Einheit ersehen.

Um eine Vorstellung von der Größe der verschiedenen Faktoren, die die Geschwindigkeit von w auf ψw herabsetzen, zu gewinnen, sei es versucht, jeden

Verlust einzeln darzustellen. Dazu fanden als Schaufeln gerade Platten von einer Höhe a gleich der radialen Länge entsprechender Schaufeln — hier $a = 25$ mm —, der Stärke gleich der Kantenstärke 0,5 mm und einer Breite $b = r\Theta$ (Zahlentafeln 25 bis 28) Verwendung. Alle diese Platten waren aus Stahlblech hergestellt, gut poliert und ihre Kanten abgerundet wie bei Schaufeln. Die Platten wurden natürlich mit einer doppelt so kleinen Teilung als die Schaufeln bei $\alpha = 30^0$ montiert, entsprechend der Gleichung:

$$\tau_g = \frac{r}{2 \sin \alpha} \quad\cdots\cdots\cdots\cdots \quad (59),$$

denn bei $\alpha = 90^0$ ist $\tau_g = \frac{r}{2}$.

Die Versuchsergebnisse sind in den Diagrammen, Fig. 42 bis 46, zusammengestellt und geben den dem Kanten- und Reibungsverlust entspringenden Geschwindigkeitkoeffizienten bei veränderlicher Teilung $\tau = \frac{r}{2}$ bis $2r$ wieder.

Wie zu erwarten war, wächst der Geschwindigkeitkoeffizient proportional der Teilung: so z. B. sind die Verluste bei $\tau = 2r$ doppelt so klein als bei $\tau = r$ und 4 mal so klein als bei $\tau = \frac{r}{2}$, da die Schaufelzahl und die von Dampf bespülte Oberfläche um das Doppelte bezw. Vierfache gefallen sind. Die Versuchsergebnisse lassen diese Abhängigkeit recht gut erkennen. Aus den Zahlentafeln 25 bis 28 ist ersichtlich, in welch erheblichem Maße die Verluste sogar bei geraden Platten zunehmen, wenn diese zu nahe aneinander stehen. (Bei $b = 12$ und $\tau = \frac{r}{4}$ beträgt der Verlust 35 vH.) Die Versuche wurden hier ebenfalls wie bei den Schaufeln für 5 verschiedene Geschwindigkeiten vorgenommen. Der Verlauf der Kurven (Diagramme 42 bis 46) ändert sich dabei nicht, nur liegen sie entsprechend höher. Sie stellen den durch Kanten- und Reibungsverlust bedingten Geschwindigkeitkoeffizienten bei verschiedenen Teilungen dar und lassen seine Größe auch bezüglich Schaufeln mit verschiedenen Krümmungshalbmessern erkennen. Es ist ersichtlich, daß die Kurven für größere Krümmungshalbmesser höher zu liegen kommen, obwohl die von Dampf bespülte Oberfläche dieselbe geblieben ist.

Die Länge der Schaufeln ist im Verhältnis $\frac{r_2}{r_1}$ gewachsen, ihre Zahl dagegen in demselben Maße gefallen. Folglich kann der Reibungsverlust nicht vom Krümmungshalbmesser der Schaufeln abhängen und die Verluste, die eine Verkleinerung des Krümmungshalbmesser mit sich bringt, müssen vom Kantenverlust als Folge des Zuwachses an Schaufelkanten herrühren. Sind die Schaufeln sehr klein und zugleich mit ihnen ihr Krümmungshalbmesser, so daß man

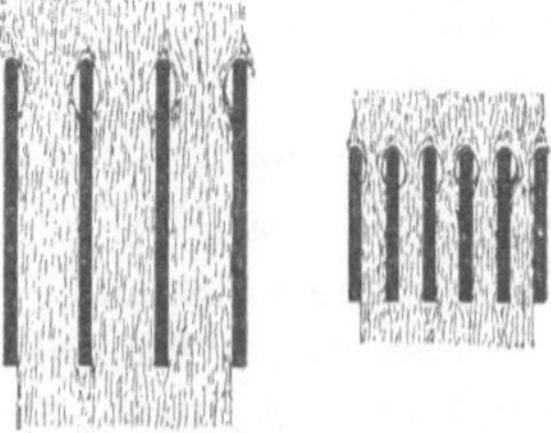

Fig. 52 und 53.

sie sehr eng aneinander stellen muß, so wird der Kantenverlust sehr groß ausfallen, da der Einfluß der auch für verschieden große Schaufeln gleich stark vorausgesetzten Kanten auf den Dampfstrahl um so größer sein wird, je enger der Kanal zwischen zwei Platten oder Schaufeln, Fig. 52 und 53, ist. Der

- 41 -

Zahlentafel 25.

Dienstag (Vormittag), 18. Juni 1907.   Barometerstand $B = 752{,}5$.   Raumtemperatur $t = 25^0$.

Winkel $\alpha = 90^0$. $\tau = \dfrac{r}{4}$.

Geschwindigkeitskoeffizient $\psi_k\,\psi_r$ für gerade gestreckte Schaufeln bei verschiedenen Längen und Geschwindigkeiten.

Nr. des Versuches	Manometer-ablesungen		Temperatur im Ausflußgefäß t ^{0}C	unmittelbarer Reaktionsdruck auf die Platte R_0 g	Geschwindig-keit des austre-tenden Dampfes $w = $ rd. m	Reaktionsdrücke bei Einschaltung der Schaufelprofile Gramm				Geschwindigkeitskoeffizienten für die Schaufelprofile			
	links	rechts				Nr. 1 R_1	Nr. 2 R_2	Nr. 3 R_3	Nr. 4 R_4	Nr. 1 ψ_1	Nr. 2 ψ_2	Nr. 3 ψ_3	Nr. 4 ψ_4
1	65 H₂O	130,0	130	19,0	75	12,2	14,3	15,0	15,5	0,643	0,753	0,790	0,816
2	50 Hg	46,4	140	78,0	150	56,0	62,0	64,0	67,0	0,718	0,795	0,820	0,859
3	85 »	83,9	145	172,0	225	124,0	140,0	144,0	148,5	0,721	0,815	0,837	0,864
4	145 »	144,8	145	321,0	300	231,0	264,0	271,0	280,0	0,720	0,823	0,845	0,873
5	250 »	253,0	150	558,0	400	381,0	453,0	467,0	485,0	0,684	0,813	0,837	0,870

Zahlentafel 26.

Montag, 17. Juni 1907.   Barometerstand $B = 753{,}5$.   Raumtemperatur $t = 25^0$.

Winkel $\alpha = 90^0$. $\tau = \dfrac{r}{2}$.

Geschwindigkeitskoeffizient $\psi_k\,\psi_r$ für gerade gestreckte Schaufeln bei verschiedenen Längen und Geschwindigkeiten.

Nr. des Versuches	Manometer-ablesungen		Temperatur im Ausflußgefäß t ^{0}C	unmittelbarer Reaktionsdruck auf die Platte R_0 g	Geschwindig-keit des austre-tenden Dampfes $w = $ rd. m	Reaktionsdrücke bei Einschaltung der Schaufelprofile Gramm				Geschwindigkeitskoeffizienten für die Schaufelprofile			
	links	rechts				Nr. 1 R_1	Nr. 2 R_2	Nr. 3 R_3	Nr. 4 R_4	Nr. 1 ψ_1	Nr. 2 ψ_2	Nr. 3 ψ_3	Nr. 4 ψ_4
1	65 H₂O	130,0	130	19,5	75	16,0	16,5	16,8	17,5	0,820	0,847	0,862	0,897
2	50 Hg	46,7	140	78,5	150	68,0	70,0	71,5	73,0	0,866	0,892	0,911	0,930
3	85 »	84,0	145	172,0	225	149,5	155,0	158,0	162,0	0,868	0,902	0,919	0,942
4	145 »	144,8	145	320,0	300	281,0	293,0	300,0	305,0	0,878	0,916	0,938	0,954
5	250 »	253,0	150	556,0	400	481,0	506,0	516,0	526,0	0,865	0,910	0,928	0,945

Zahlentafel 27.

Dienstag (Nachmittag), 18. Juni 1907.   Barometerstand $B = 750{,}2$.   Raumtemperatur $t = 26^0$.

Winkel $\alpha = 90^0$. $\tau = {}^3/_4\,r$.

Geschwindigkeitskoeffizient $\psi_k\,\psi_r$ für gerade gestreckte Schaufeln bei verschiedenen Längen und Geschwindigkeiten.

Nr. des Versuches	Manometer-ablesungen		Temperatur im Ausflußgefäß t ^{0}C	unmittelbarer Reaktionsdruck auf die Platte R_0 g	Geschwindig-keit des austre-tenden Dampfes $w = $ rd. m	Reaktionsdrücke bei Einschaltung der Schaufelprofile Gramm				Geschwindigkeitskoeffizienten für die Schaufelprofile			
	links	rechts				Nr. 1 R_1	Nr. 2 R_2	Nr. 3 R_3	Nr. 4 R_4	Nr. 1 ψ_1	Nr. 2 ψ_2	Nr. 3 ψ_3	Nr. 4 ψ_4
1	65 H₂O	130,0	130	19,5	75	16,8	17,2	17,6	—	0,862	0,883	0,903	—
2	50 Hg	46,5	140	78,0	150	70,5	71,5	73,3	—	0,904	0,917	0,940	—
3	85 »	83,8	145	172,0	225	158,0	160,0	163,0	—	0,919	0,930	0,948	—
4	145 »	144,7	145	321,0	300	296,0	301,0	308,0	—	0,922	0,938	0,960	—
5	250 »	252,8	150	557,0	400	507,0	520,0	540,0	—	0,910	0,933	0,957	—

Zahlentafel 28.

Dienstag (Nachmittag), 18. Juni 1907.   Barometerstand $B = 750{,}2$.   Raumtemperatur t
Winkel $\alpha = 90^0$. $\tau = r$.

Geschwindigkeitskoeffizient $\psi_k \, \psi_r$ für gerade gestreckte Schaufeln bei verschie
Längen und Geschwindigkeiten.

Nr. des Versuches	Manometer-ablesungen			Temperatur im Ausflußgefäß t ^{0}C	unmittelbarer Reaktionsdruck auf die Platte R_0 g	Geschwindig-keit des austre-tenden Dampfes $w = rd.$ m	Reaktionsdrücke bei Ein-schaltung der Schaufelprofile Gramm				Geschwindigkeitskoeffizie für die Schaufelprofil		
	links		rechts				Nr. 1 R_1	Nr. 2 R_2	Nr. 3 R_3	Nr. 4 R_4	Nr. 1 ψ_1	Nr. 2 ψ_2	Nr. 3 ψ_3
1	65	H$_2$O	130,0	130	19,5	75	17,3	17,5	—	—	0,888	0,898	—
2	50	Hg	46,4	140	78,0	150	72,0	73,0	—	—	0,923	0,936	—
3	85	»	83,7	145	172	225	161,0	163,0	—	—	0,936	0,948	—
4	145	»	144,7	145	321	300	302,0	306,0	—	—	0,942	0.954	—
5	250	»	253,0	150	557	400	523,0	530,0	—	—	0,939	0,952	—

Dampfstrahl zersplittert an den runden Kanten, seine abprallenden Teilchen stoßen auf die Nachbarteilchen, die den engen Kanal zu durchdringen suchen, schnüren den Strahl ein und zwingen ihn, sich von der Schaufelfläche abzu-lösen, indem sie damit seine gleichmäßige Struktur endgültig aufzuheben suchen. Infolge der erheblichen Verkleinerung des dem Dampfstrahle zur Verfügung stehenden freien Querschnittes muß der Druck im Spalt zunehmen und mit der Anzahl der auf die Längeneinheit kommenden Schaufeln wachsen; d. h. mit der Abnahme des Krümmungshalbmessers. Daraus erklärt sich auch der Umstand, daß sich der Höchstwert von ψ bei $b = 10 \text{ mm} \left(r = \dfrac{10}{\sqrt{3}} \right)$ nach der Seite der größeren Teilungen zu verschieben trachtet. Denn obgleich die relative Strahl-stärke $e = \dfrac{r}{2}$ dieselbe bleibt, so ist doch infolge des Abfalles seiner absoluten Stärke der Einfluß der Zersplitterung an den Kanten auf den Dampfstrahl viel größer. Bezeichnet man mit

ψ_k den durch den Kantenverlust bedingten Geschwindigkeitskoeffizienten,

ψ_r den durch den Reibungsverlust bedingten Geschwindigkeitskoeffi-zienten und mit

ψ_u den durch den Umlenkungsverlust bedingten Geschwindigkeits-koeffizienten,

so wird der den gesamten Verlust bedingende Geschwindigkeitskoeffizient zu

$$\psi = \psi_k \, \psi_r \, \psi_u \quad \ldots \ldots \ldots \ldots \quad (60).$$

Die in den Diagrammen, Fig. 42 bis 46, gezeichneten Kurven entsprechen $\psi_k \, \psi_r$. Kennt man den einen dieser Faktoren, so läßt sich der andre bestimmen. Nach Gl. (60) ist

$$\psi_u = \frac{\psi}{\psi_k \, \psi_r} \quad \ldots \ldots \ldots \ldots \quad (61).$$

Die nach dieser Formel berechneten Werte sind aus den Zahlentafeln 14 bis 17 und 25 bis 28 entnommen worden, und in den Tafeln 29 bis 32 zu-sammengestellt (siehe außerdem die Diagramme Fig. 54 bis 58).

Aus ihnen ist ersichtlich, daß die Hauptverluste besonders auf dem Um-lenkungsverluste beruhen. Zwischen $\tau = \dfrac{r}{2}$ und $\tau = r$ verändert sich der Geschwindigkeitskoeffizient sehr wenig, steigt τ aber bis $1{,}5\,r$ und darüber bis $2\,r$, so fällt ψ_u rasch — eine Erscheinung, die auf die Bildung stärkerer Wirbelungen hinweist. Bei $\tau = \dfrac{r}{2}$ ist der Geschwindigkeitskoeffizient ψ_u für die kleinste

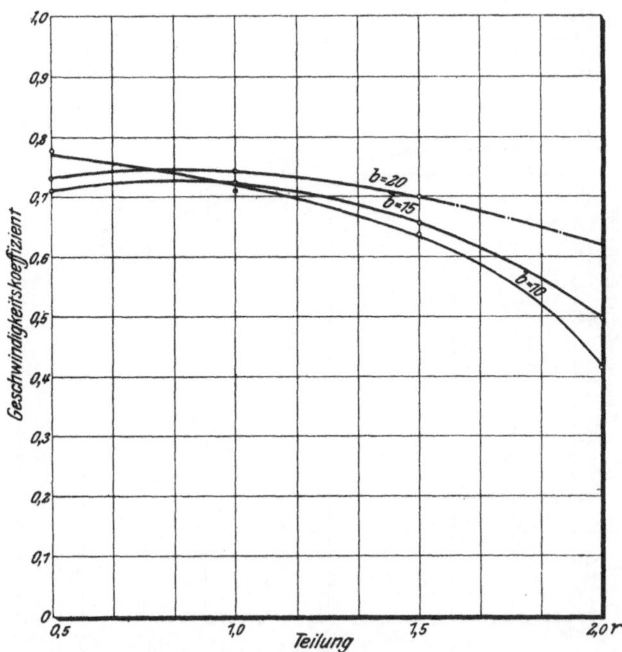

Fig. 54. Geschwindigkeitskoeffizient ψ_u, bedingt durch den Umlenkungsverlust für $w = \mathrm{rd.}\ 75$ m/sk. $\quad \alpha = 30^0$.

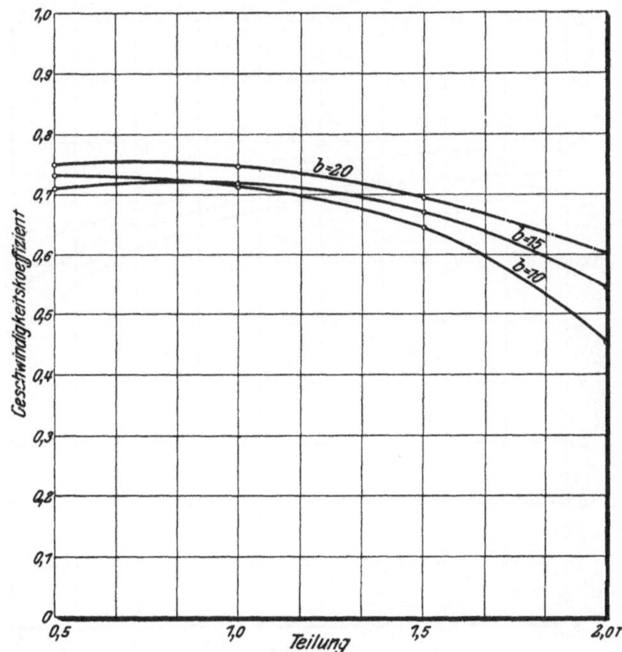

Fig. 55. Geschwindigkeitskoeffizient ψ_u, bedingt durch den Umlenkungsverlust für $w = \mathrm{rd.}\ 150$ m/sk. $\quad \alpha = 30^0$.

Schaufel $\left(r = \dfrac{10}{\sqrt{3}}\right)$ größer als für die Schaufel $r = \dfrac{15}{\sqrt{3}}$, obgleich die Gesamtverluste größer sind. Dies rührt davon her, daß $\psi_k\,\psi_r$ bei kleinen Krümmungshalbmessern infolge des sehr engen Kanalquerschnittes sehr stark fällt. Natür-

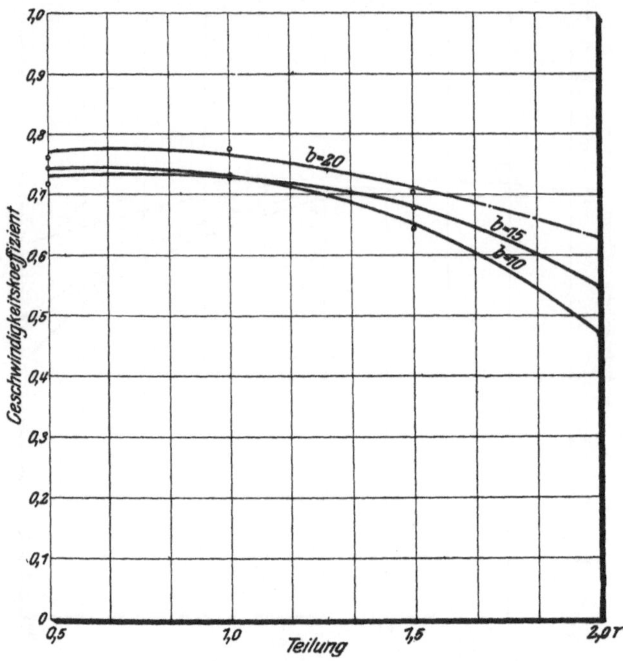

Fig. 56. Geschwindigkeitskoeffizient ψ_u, bedingt durch den Umlenkungsverlust für
$w = \text{rd. } 225 \text{ m/sk.} \quad \alpha = 30^0$.

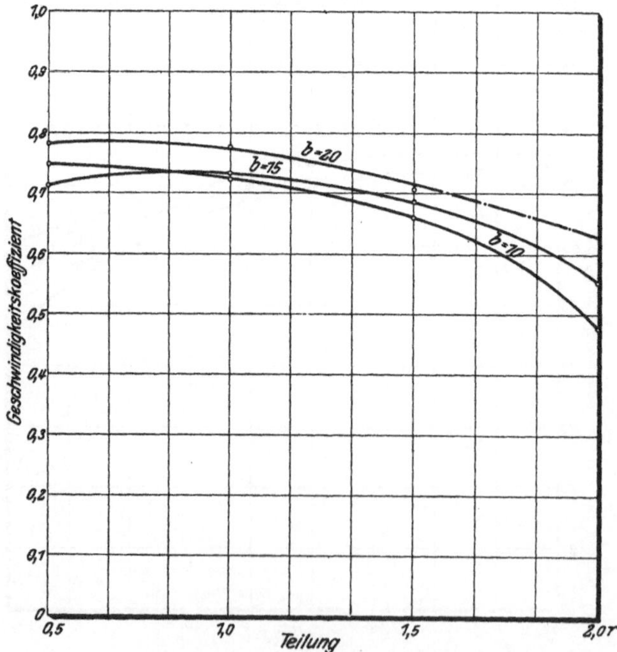

Fig. 57. Geschwindigkeitskoeffizient ψ_u, bedingt durch den Umlenkungsverlust für
$w = \text{rd. } 300 \text{ m/sk.} \quad \alpha = 30^0$.

Zahlentafel 29.

Geschwindigkeitskoeffizient ψ_u, bedingt durch den Umlenkungsverlust für verschiedene Schaufelbreiten und Geschwindigkeiten.

$$\tau = \frac{r}{2}$$

Nr. des Versuches	Geschwindigkeit w m	Geschwindigkeitskoeffizienten bedingt durch den Umlenkungsverlust			
		ψ_{u1} $b=10$	ψ_{u2} $b=15$	ψ_{u3} $b=20$	ψ_{u4} $b=25$
1	75	0,778	0,710	0,728	0,756
2	150	0,732	0,709	0,750	0,792
3	225	0,744	0,716	0,760	0,818
4	300	0,748	0,712	0,781	0,817
5	400	0,756	0,726	0,773	0,824

Zahlentafel 30.

Geschwindigkeitskoeffizient ψ_u, bedingt durch den Umlenkungsverlust für verschiedene Schaufelbreiten und Geschwindigkeiten.

$$\tau = r$$

Nr. des Versuches	Geschwindigkeit w m	Geschwindigkeitskoeffizienten bedingt durch den Umlenkungsverlust			
		ψ_{u1} $b=10$	ψ_{u2} $b=15$	ψ_{u3} $b=20$	ψ_{u4} $b=25$
1	75	0,708	0,723	0,743	0,770
2	150	0,711	0,719	0,741	0,773
3	225	0,723	0,727	0,775	0,777
4	300	0,722	0,734	0,777	0,787
5	400	0,705	0,725	0,774	0,803

Zahlentafel 31.

Geschwindigkeitskoeffizient ψ_u, bedingt durch den Umlenkungsverlust für verschiedene Schaufelbreiten und Geschwindigkeiten.

$$\tau = 1{,}5\,r$$

Nr. des Versuches	Geschwindigkeit w m	Geschwindigkeitskoeffizienten bedingt durch den Umlenkungsverlust			
		ψ_{u1} $b=10$	ψ_{u2} $b=15$	ψ_{u3} $b=20$	ψ_{u4} $b=25$
1	75	0,638	0,656	0,700	—
2	150	0,645	0,670	0,694	—
3	225	0,644	0,679	0,702	—
4	300	0,663	0,689	0,706	—
5	450	0,648	0,692	0,707	—

Zahlentafel 32.

Geschwindigkeitskoeffizient ψ_u, bedingt durch den Umlenkungsverlust für verschiedene Schaufelbreiten und Geschwindigkeiten.

$$\tau = 2\,r$$

Nr. des Versuches	Geschwindigkeit w m	Geschwindigkeitskoeffizienten bedingt durch den Umlenkungverlust			
		ψ_{u1} $b=10$	ψ_{u2} $b=15$	ψ_{u3} $b=20$	ψ_{u4} $b=25$
1	75	0,414	0,497	—	—
2	150	0,451	0,541	—	—
3	225	0,470	0,547	—	—
4	300	0,479	0,553	—	—
5	400	0,458	0,547	—	—

lich können die erhaltenen Kurven nicht zur Berechnung der Umlenkungsverluste in bezug zuf die Veränderlichkeit von r und τ dienen. Sie geben jedoch ein anschauliches Bild davon, in welchen Grenzen sich ψ_u mit r und τ ändert. Die Veränderlichkeit der Geschwindigkeit übt ebenfalls keinen Einfluß auf den Verlauf der ψ_u-Kurven aus.

Alle Versuche beziehen sich nur auf den Eintrittwinkel $\alpha = 30^{\circ}$. Mit der Veränderung des Umlenkungswinkels würde auch eine solche des Umlenkungsverlustes und also auch des gesamten Verlustes eintreten, was aus Zahlentafeln 19 bis 23 leicht festzustellen ist. Obgleich auf die Einheit der Strahlstärke auch die gleiche Anzahl Schaufeln unabhängig von den Eintrittwinkeln kommt, so wird der vom Dampf zurückgelegte Weg mit größer werdendem Umlenkungswinkel bei gleichen Krümmungshalbmessern größer ausfallen, die gesamte von Dampf bespülte Oberfläche wird zunehmen und mit ihr auch Reibungs-

und **Umlenkungsverlust**. Diese Verluste, d. h. die Abhängigkeit ψ von Θ, sollen im folgenden behandelt werden.

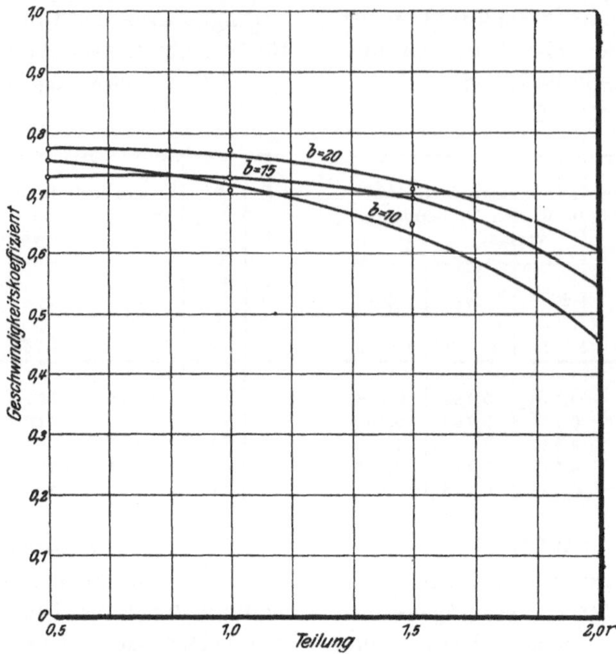

Fig. 58. Geschwindigkeitskoeffizient ψ_u, bedingt durch den Umlenkungsverlust für $w = $ rd. 400 m/sk. $\alpha = 30^0$.

Einfluß des Umlenkungswinkels.

Wie schon früher erwähnt wurde, ist die Frage, bei welchem Eintrittwinkel der gesamte Wirkungsgrad des Laufrades am größten ausfallen wird, bisher noch nicht aufgeklärt worden. In Wirklichkeit nähern sich Ein- und Austrittwinkel für Freistrahlturbinenschaufeln in der Praxis dem Werte $\alpha = 30^0$. Stodola und Banki hielten sich bei ihren Versuchen ebenfalls an diesen Winkel, was unwillkürlich auf den Gedanken führt, daß gerade dieser Winkel im Sinne des besten Wirkungsgrades des Laufrades als der günstige angesehen wird.

Der indizierte Wirkungsgrad (mit Inbegriff des Austrittsverlustes) ist bei den früher aufgestellten Einschränkungen:

$$\eta_{i\,\text{max}} = \frac{1 + \psi}{2} \cos^2 \alpha_0 \quad \ldots \ldots \ldots \quad (17).$$

Da sich aber die Versuchschaufeln im Zustande der Ruhe befinden und deshalb nur der Eintrittwinkel der Schaufel in Betracht kommen kann, so ist es bequemer, den Wirkungsgrad nicht auf α_0, sondern auf α zu beziehen.

Vernachlässigt man die Verluste in den Schaufeln und setzt $\psi = 1$, so ist der hydraulische Wirkungsgrad:

$$\eta_{h\,\text{max}} = \cos^2 \alpha_0 \quad \ldots \ldots \ldots \ldots \quad (62).$$

Diese Formel ist gültig bei gleichen Ein- und Austrittwinkeln, bei stoßfreieren Eintritt und bei $u = \dfrac{c}{2} \cos \alpha_0$, Fig. 59. Aus dem Geschwindigkeitsdreieck läßt sich die geometrische Beziehung ableiten.

$$\frac{u}{c} = \frac{\sin (\alpha - \alpha_0)}{\sin \alpha} \cdot$$

und wenn

$$\frac{u}{c} \text{ durch } \frac{\cos \alpha_0}{2}$$

ersetzt wird, so ist

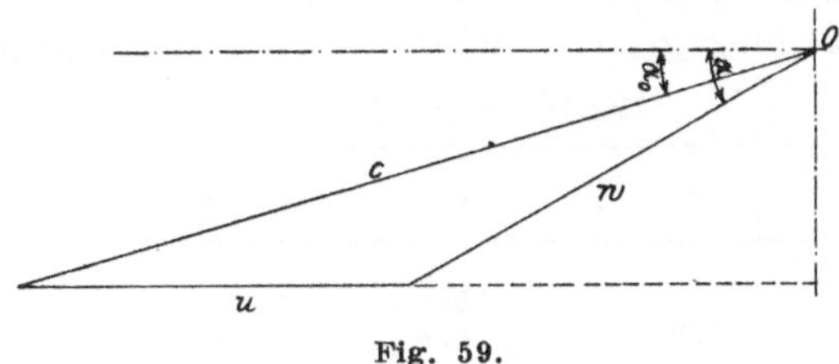

Fig. 59.

$$\frac{\cos \alpha_0}{2} = \frac{\sin (\alpha - \alpha_0)}{\sin \alpha}$$

oder auch

$$\frac{\cos \alpha_0}{2} = \frac{\sin \alpha \cos \alpha_0 - \cos \alpha \sin \alpha_0}{\sin \alpha}$$

Anders ausgedrückt:

$$\cos \alpha_0 \sin \alpha = 2 \sin \alpha_0 \cos \alpha.$$

Teilt man beide Seiten durch $\cos \alpha_0 \cos \alpha$ und setzt $\frac{\sin \alpha}{\cos \alpha} = \operatorname{tg} \alpha$, so wird

$$\operatorname{tg} \alpha = 2 \operatorname{tg} \alpha_0 \quad \ldots \quad \ldots \quad \ldots \quad (63).$$

Da nun

$$\eta_{h\,max} = \cos^2 \alpha_0 = \frac{1}{1 + \operatorname{tg}^2 \alpha_0},$$

so wird, führt man den Wert von Gl (63) ein,

$$\eta_{h\,max} = \frac{1}{1 + \dfrac{\operatorname{tg} \alpha^2}{4}} = \frac{4}{4 + \operatorname{tg}^2 \alpha} \quad \ldots \quad \ldots \quad (64).$$

Zieht man noch die Widerstände in Rechnung, so läßt sich der indizierte Wirkungsgrad schreiben:

$$\eta_{i\,max} = \frac{1 + \psi}{2} \cdot \frac{1}{1 + 0{,}25 \operatorname{tg}^2 \alpha} = \frac{1 + \psi}{2 + 0{,}5 \operatorname{tg}^2 \alpha} \quad \ldots \quad \ldots \quad (65).$$

Folglich ist der indizierte Wirkungsgrad abhängig von dem Eintrittwinkel α und dem Geschwindigkeitskoeffizienten ψ, der diesem Winkel entspricht. Mit dem Wachsen von α von 0^0 bis 90^0 fällt der hydraulische Wirkungsgrad von 1 bis 0. Im Gegensatz dazu wird der Höchstwert von ψ bei $\alpha = 90^0$ liegen, d. h. wenn die Schaufeln gerade gezogen sind und mit der Abnahme von α auf 0 werden die Verluste dauernd wachsen (Zahlentafel 33).

Zahlentafel 33.

α	η_h	α_0
20	0,968	$10^0\,18'\,51''$
30	0,923	$16^0\,6'\,8''$
40	0,850	$22^0\,45'\,37''$
50	0,738	$30^0\,47'\,23''$
60	0,572	$40^0\,54'$
90	0	90^0

Folglich muß es einen mittleren Winkel geben, bei dem der Wirkungsgrad einen Höchstwert besitzt. Um diesen Winkel aufzufinden, kann man sich der früheren Versuchsergebnisse bedienen, die die Abhängigkeit τ von α darlegen. (Zahlentafeln 19 bis 23.)

Aus ihnen läßt sich feststellen, daß der Geschwindigkeitskoeffizient ψ mit wachsendem Umlenkungswinkel Θ kleiner ausfällt, wenn natürlich der Vergleich mit der günstigsten Teilung gezogen wird. Würde man dagegen die Geschwin-

Zahlentafel 34.

α	Θ	$\tau\,\Theta$
0^0	180^0	36
20^0	140^0	28
30^0	120^0	24
40^0	100^0	20
50^0	80^0	16
90^0	0^0	0

digkeitskoeffizienten einander bei gleichen Teilungen gegenüber stellen, so ließe sich eine solche Gesetzmäßigkeit nicht aufstellen. Nach den Zahlentafeln 19 bis 23 wächst der Koeffizient ψ bei $\tau = r$ und $\tau = \dfrac{3}{4} r$ mit Abnahme des Winkels α, für $\tau = \dfrac{5}{4} r$ aber und $\tau = 1{,}5\, r$, Zahlentafeln 21 und 22, liegt der Höchstwert von ψ bei $\alpha = 30^0$.

Bei einem weiteren Anwachsen des Umlenkungswinkels fällt ψ dann wieder.

Mit der Zunahme Θ von 0^0 bis 180^0 wächst der vom Dampfe zurückgelegte Weg. Nähert sich α dem Werte 90^0, so geht die Schaufellänge auf 0 herunter, und im Grenzfalle, bei $\alpha = 90^0$, wird nur noch die Kante stehen bleiben, Zahlentafel 34. Dabei fällt der Geschwindigkeitskoeffizient kleiner als 1 aus, und der allgemeine Ausdruck, der die Veränderlichkeit ψ von Θ wiedergibt, erhält die Form:

$$\psi = \psi_k + f(\Theta) \quad \ldots \quad \ldots \quad \ldots \quad (66),$$

worin ψ_k den durch den Kantenverlust bedingten Geschwindigkeitskoeffizienten darstellt.

Wie schon früher erwähnt wurde und aus den Diagrammen, Fig. 19 bis 21, hervorgeht, liegen die ψ-Kurven bei größer werdenden Geschwindigkeiten entsprechend höher, ihr Charakter aber bleibt fast derselbe und sie verlaufen äquidistant.

Dasselbe ist nun auch aus den Diagrammen, Fig. 60 und 61, in den Grenzen der Veränderlichkeit $\alpha = 20^0$ bis $\alpha = 50^0$ wahrzunehmen.

Der Verlauf der ψ-Werte, abhängig von Θ, entspricht dem einer Polytrope und läßt sich darstellen durch

$$(\psi_k - \psi + \psi_w)^n \frac{1}{\Theta} = \text{konst} \quad \ldots \quad \ldots \quad \ldots \quad (67),$$

wobei ψ_w dem Einfluß der Geschwindigkeiten Rechnung tragen möge.

Wenn man weiter voraussetzt, daß die Kurven in dem ganzen Bereiche von $\Theta = 180^0$ bis $\Theta = 0$ ihre gegenseitige äquidistante Lage bei verschiedenen Geschwindigkeiten nicht verlieren, so läßt sich $\psi_k + \psi_w$ durch einen Wert ψ_0 darstellen, wenn man darunter den den Kantenverlust bedingenden Geschwindigkeitskoeffizienten versteht:

$$(\psi_0 - \psi)^n \frac{1}{\Theta} = \text{konst} \quad \ldots \quad \ldots \quad \ldots \quad (68),$$

oder

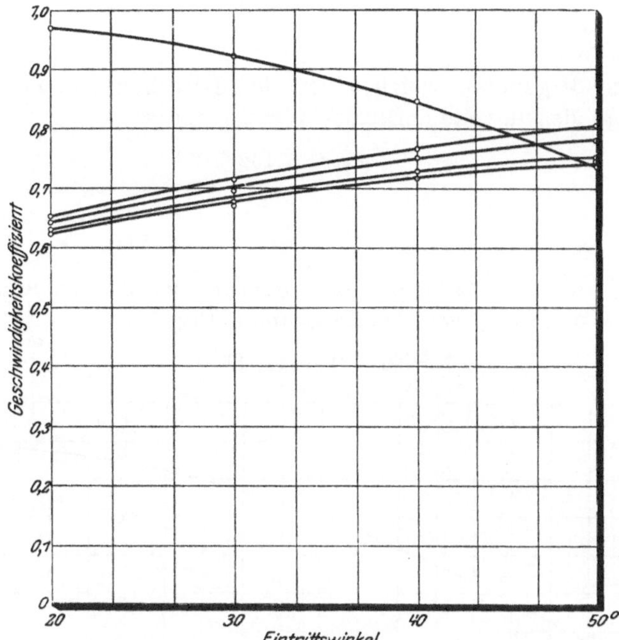

Fig. 60. Geschwindigkeitskoeffizient bei verschiedenen Eintrittwinkeln und Geschwindigkeiten,

$$\text{bei } \tau\, g = \frac{v}{2 \sin \alpha}.$$

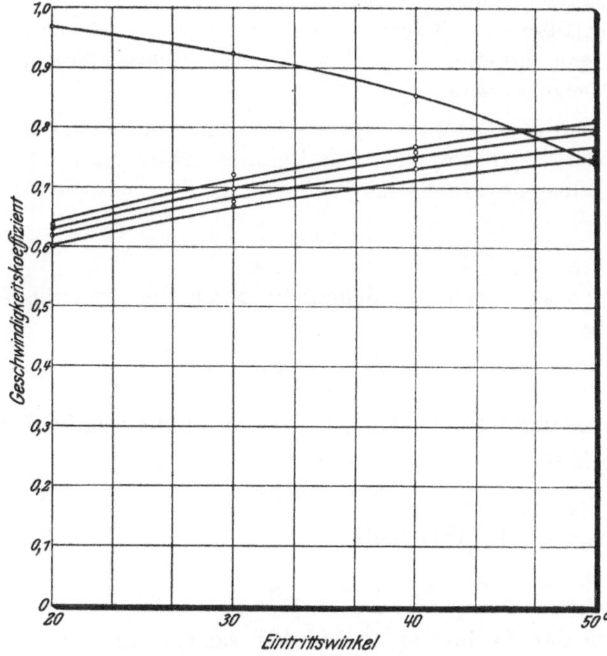

Fig 61. Geschwindigkeitskoeffizient bei verschiedenen Eintrittwinkeln und Geschwindigkeiten,

$$\text{bei } \tau = 0{,}8\, \frac{r}{2 \sin \alpha}.$$

$$\psi = \psi^0 - m\,\Theta^k \quad \ldots \ldots \ldots \ldots \quad (69),$$

wobei $\dfrac{1}{n} = k$.

Die Versuchsergebnisse weichen von den Berechnungen nach dieser Gleichung, setzt man den unveränderlichen Wert m und k

$$m = 0{,}000432 = 432 \cdot 10^{-6}$$

bezw.

$$k = {}^4\!/_3,$$

nur sehr wenig ab.

ψ_0 ändert sich von $0{,}90$ bis $0{,}97$ bei abgerundeten Kanten und bei scharfen Kanten von $0{,}95$ bis $0{,}99$ (siehe das Diagramm, Fig. 62)

$$\psi = \psi_0 - 0{,}000432\,\Theta^{4/3} \quad \ldots \ldots \ldots \quad (70).$$

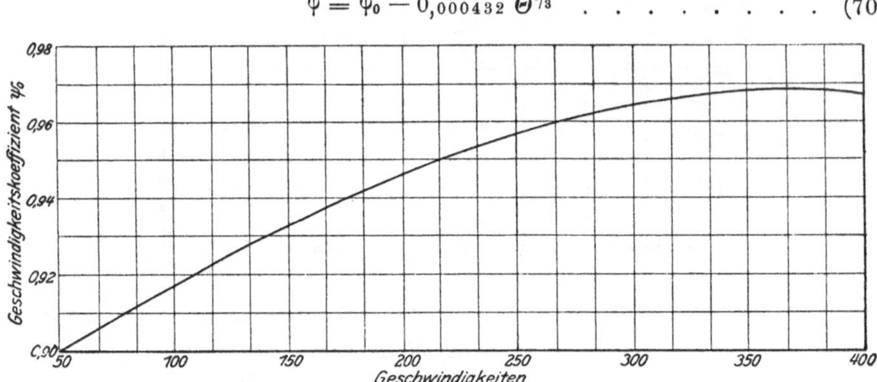

Fig. 62.

In Wirklichkeit treffen die gemachten Voraussetzungen bezüglich des gegenseitigen Verlaufes der Kurven nicht ganz zu, doch sind die mit ihnen verbundenen Ungenauigkeiten so gering, daß es zulässig erscheint, sie wegen ihrer Einfacheit beizubehalten.

Beim Strömen des Dampfes durch die Schaufeln möge die relative Austrittgeschwindigkeit ψw betragen. Der Reibung des Dampfes in den Schaufeln entspricht ein Verlust an kinetischer Energie:

$$(1 - \psi^2)\,\frac{w^2}{2g} \quad \ldots \ldots \ldots \ldots \quad (5).$$

Setzt man voraus, daß die Schaufeln unter den günstigsten Umständen arbeiten, daß also

$$u = \frac{c}{2}\cos\alpha_0 \quad \ldots \ldots \ldots \ldots \quad (15),$$

dann kann die Umfangsgeschwindigkeit auch durch die relative Geschwindigkeit ausgedrückt werden:

$$u = w\cos\alpha \quad \ldots \ldots \ldots \ldots \quad (71).$$

Aus den Gl. (15) und (71) folgt

$$w = \frac{c}{4}\,\frac{\cos\alpha_0}{\cos\alpha} \quad \ldots \ldots \ldots \ldots \quad (72).$$

Bezieht man den Verlust an kinetischer Energie in den Schaufeln auf die absolute Dampfgeschwindigkeit, so ergibt sich:

$$\frac{1 - \psi^2}{4}\,\frac{\cos^2\alpha_0}{\cos^2\alpha}\,\frac{c_2}{2g} \quad \ldots \ldots \ldots \ldots \quad (73).$$

Da nun $\operatorname{tg} \alpha = 2 \operatorname{tg} \alpha_0$, so ist:

$$\frac{\cos^2 \alpha_0}{\cos^2 \alpha} = \frac{1}{\cos^2 \alpha \, (1 + 0,25 \operatorname{tg}^2 \alpha)}$$

$$= \frac{1}{\cos^2 \alpha + 0,25 \sin^2 \alpha}$$

$$= \frac{1}{1 - 0,75 \sin^2 \alpha}.$$

Schließlich läßt sich der Arbeitsverlust in den Schaufeln schreiben:

$$\frac{1 - \psi^2}{4 - 3 \sin^2 \alpha} \frac{c^2}{2 g} = \frac{1 - \psi^2}{1 + 3 \cos^2 \alpha} \frac{c^2}{2 g} \quad \cdots \cdots \cdots \quad (74).$$

Der andre Teil:

$$1 - \frac{1 - \psi^2}{1 + 3 \cos^2 \alpha} = \frac{\psi^2 + 3 \cos^2 \alpha}{1 + 3 \cos^2 \alpha} \quad \cdots \cdots \cdots \quad (75)$$

zerfällt wieder in zwei. Ein Teil dient zur Erzeugung von Nutzarbeit, der andre geht als Austrittverlust verloren. Aus den Gleichungen (5) und (74) geht hervor, daß

$$c^2 = w^2 \, (4 - 3 \sin^2 \alpha).$$

Bei $\alpha = 90^0$ ist

$$c = w \quad \cdots \cdots \cdots \cdots \cdots \quad (76).$$

Bei $\alpha = 0^0$ ist

$$c = \frac{w}{2} \quad \cdots \cdots \cdots \cdots \quad (77).$$

Ferner ist aus den Gl. (76) und (77) ersichtlich, daß die Verluste in den Schaufeln, wenn ψ unabhängig von der Geschwindigkeit und der Schaufelform angenommen wurde, bei der Veränderung von α, von 0^0 auf 90^0, um das vierfache steigen. Da aber ψ von α abhängig ist und bei kleineren Eintrittwinkeln stärker beeinflußt wird als bei größeren, so ist es möglich, die Verluste in den Schaufeln bei verschiedenen Winkeln zu ermitteln. Aus den Gl. (69) und (74) ergibt sich der Arbeitsverlust in den Schaufeln

$$\frac{1 - (\psi_0 - m \, \Theta^k)^2}{1 + 3 \cos^2 \alpha} \frac{c^2}{2 g} \quad \cdots \cdots \cdots \cdots \quad (78).$$

Aus der Zahlentafel 35 sind die ψ-Werte für eine relative Geschwindigkeit in den Schaufeln von 300 m/sk entnommen und nach ihnen die Verluste an kinetischer Energie in den Schaufeln, die in Arbeit umgesetzte Energie und als Rest die Austrittverluste berechnet worden (Zahlentafel 36).

. Man sieht, daß der Arbeitsverlust in den Schaufeln bei kleineren Eintrittwinkeln größer ist als bei größeren. Die Veränderlichkeit des Verlustes an kinetischer Energie in den Schaufeln in bezug auf verschiedene Winkel ist in dem Diagramm 63 wiedergegeben. In dem Bereich $\alpha = 20^0$ bis $\alpha = 60^0$ beträgt der Unterschied an Verlust ungefähr 1 vH, so daß die entsprechenden Schaufelprofile bezüglich des Schaufelverlustes als gleich günstig angesehen werden können. Bei $\alpha = 20^0$ ergibt sich der kleinste Austrittverlust, so daß diese Schaufel, wenn die Austrittgeschwindigkeit in der nächsten Stufe nicht ausgenutzt und zu 0 wird, als die vorteilhafteste erscheint. Könnte dagegen die Austrittgeschwindigkeit in den nächsten Stufen verwendet werden, so dürften auch Schaufeln mit größeren Winkeln angebracht sein. Noch kleinere Winkel als 20^0 haben größere Widerstände in den Schaufeln zur Folge, weshalb sie nur dann gebraucht werden können, falls man eine partielle Beaufschlagung umgehen wollte und auf diese Weise den Austrittquerschnitt heruntersetzt Bevor die günstigste Schaufel für jede Geschwindigkeit ermittelt wird, muß der ψ_0-Wert in Gl. (69) näher bestimmt werden.

Dazu sind die schon früher verwendeten Platten von den Längen 12, 18, 24, 30 mm, bei stets gleicher Teilung $t = \dfrac{r_2}{2 \sin \alpha} = \dfrac{15}{2\sqrt{3}}$ und der Geschwindigkeit rd. 77 m/sk benutzt worden, s. Diagramm, Fig. 64. Man erhält eine Gerade ab. Da die Teilung dieselbe blieb, so blieben auch die Schaufelzahl

Zahlentafel 35.

Der Geschwindigkeitskoeffizient bei verschiedenen Umlenkungswinkeln und Geschwindigkeiten.

Zahlentafel 36.

Energieverteilung im Arbeitsrade bei günstigsten Geschwindigkeitsverhältnissen $\dfrac{u}{c} = \cos \alpha_0$ für verschiedene Winkel α.

Ein- und Austrittwinkel α	Umlenkungswinkel $\Theta = 2\,(90 - \alpha)$	Θ^k	bei Geschwindigkeiten			
			$w = $ rd. 75 m	$w = $ rd. 150 m	$w = $ rd. 225 m	$w = $ rd. 300 m
0^0	180^0	1016,3	0,471	0,495	0,511	0,526
10^0	160^0	868,7	0,535	0,559	0,575	0,590
20^0	140^0	727,0	0,596	0,620	0,636	0,650
30^0	120^0	591,8	0,655	0,679	0,695	0,710
40^0	100^0	463,2	0,710	0,734	0,750	0,765
50^0	80^0	344,7	0,761	0,787	0,801	0,816
60^0	60^0	234,9	0,809	0,833	0,849	0,864
70^0	40^0	136,8	0,851	0,875	0,891	0,906
80^0	20^0	54,3	0,887	0,911	0,927	0,942
90^0	0^0	0	0,910	0,934	0,950	0,965

Ein- und Austrittwinkel α	$\psi = \psi_0 - m\,\Theta^k$ für rd. 300 m/sk	Schaufelverlust $\dfrac{1 - \psi^2}{1 + 3\cos^2 \alpha}$	in Arbeit umgewandelte Energie $\dfrac{1 + \psi}{2}\cos^2 \alpha_0$	Austrittverlust
0^0	0,526	0,181	0,763	0,056
10^0	0,590	0,167	0,788	0,045
20^0	0,650	0,158	0,798	0,044
30^0	0,710	0,153	0,790	0,057
40^0	0,765	0,150	0,750	0,100
50^0	0,816	0,149	0,670	0,181
60^0	0,864	0,145	0,533	0,322
70^0	0,906	0,133	0,330	0,537
80^0	0,942	0,104	0,108	0,788
90^0	0,965	0,069	0,000	0,931

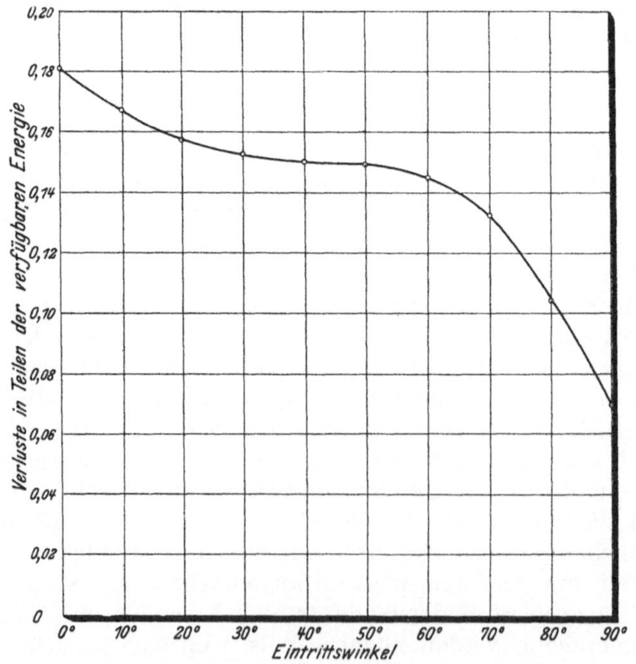

Fig. 63. Reibungsverluste in den Schaufeln bei verschiedenen Eintrittwinkeln α. $w = $ rd. 300 m/sk.

und mit ihr der Kantenverlust dieselben. Der Geschwindigkeitskoeffizient läßt sich ermitteln, indem man die Gerade mit od im Punkte c zum Schnitt bringt. Der Abschnitt cd stellt den durch den Kantenverlust bedingten Geschwindigkeitskoeffizienten dar. Zieht man aus d die Gerade ed parallel ca, so gibt cd die durch den Reibungsverlust bedingten Geschwindigkeitskoeffizienten wieder,

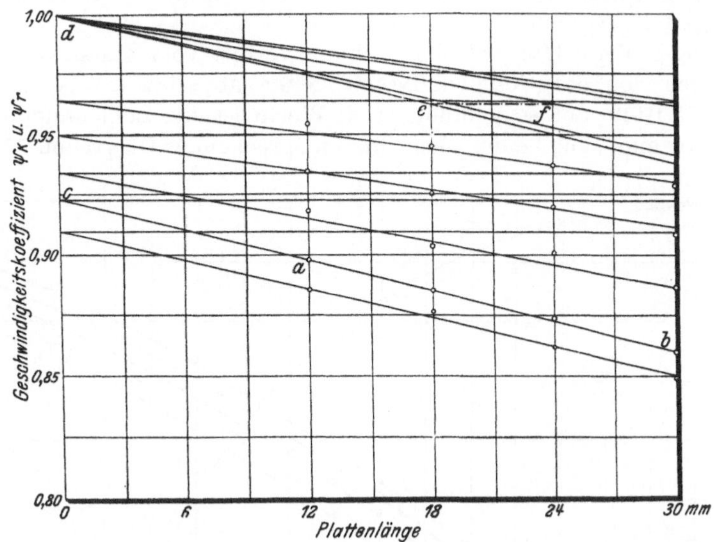

Fig. 64. Geschwindigkeitskoeffizient ψ_k und ψ_r, bedingt durch Kanten- und Reibungsverlust.

d. h. die Dampfreibung an der Oberfläche einschließlich der unvermeidlichen Wirbelungen. Da der Krümmungshalbmesser bei Untersuchung des Umlenkungswinkels $r_3 = \dfrac{20}{\sqrt{3}}$ betrug, d. h. da r_3 durch das Verhältnis $\dfrac{r_3}{r_2} = {}^4/_3$ bestimmt ist, so wird auch die Teilung entsprechend zu ändern sein. Um eine und dieselben Oberflächen zu erhalten, müssen also die Schaufeln verlängert werden.

Der Reibungsverlust wird dann bei $l = 18$ mm und $r = r_2$ genau so groß ausfallen, wie bei $l = 24$ mm und $r = r_3$. Man zieht bei $l = 18$ mm aus e eine

Zahlentafel 37.

Versuch am 19. Juni 1907.   Barometerstand $B = 746{,}9$.

Winkel $\alpha = 90^0$. $\tau = \dfrac{r_3}{2} = \dfrac{11{,}55}{2}$ mm.

Geschwindigkeitskoeffizient bei verschiedenen Längen der gerade gestreckten Schaufeln und Geschwindigkeiten.

Nr. des Versuches	Manometer-ablesungen		Temperatur im Ausflußgefäß t ^{0}C	unmittelbarer Reaktionsdruck auf die Platte R_0 g	Geschwindig-keit des austretenden Dampfes $w =$ rd. m	Reaktionsdrücke bei Einschaltung der Schaufelprofile (Platten)				Geschwindigkeitskoeffizienten für die Schaufelprofile (Platten)			
	links	rechts				$b = 12$	$b = 18$	$b = 24$	$b = 30$	$b = 12$	$b = 18$	$b = 24$	$b = 30$
1	65	H$_2$O 130,0	130	19,5	75	17,3	17,1	17,0	16,5	0,884	0,877	0,872	0,847
2	50	Hg 46,4	140	79,0	150	72,5	71,4	71,2	70,0	0,918	0,904	0,902	0,887
3	85	» 83,8	145	172,0	225	161,0	159,0	158,0	156,0	0,936	0,925	0,919	0,907
4	145	» 144,7	145	320,0	300	303,0	302,0	299,0	296,0	0,948	0,945	0,935	0,926

Wagerechte bis zum Schnitt f mit der zu $l = 24$ mm gehörenden Ordinate. Die Gerade df stellt den Reibungsverlust bei $r_3 = \dfrac{20}{\sqrt{3}}$ dar.

Der Versuch wurde für verschiedene Geschwindigkeiten bei $\tau = \dfrac{r_3}{2}$ wiederholt, seine Ergebnisse sind in dem Diagramm 64 dargestellt und in Zahlentafel 37 zusammengestellt worden.

Auf diese Weise läßt sich der Reibungsverlust vom Kantenverlust trennen. Beide hängen von der Geschwindigkeit derart ab, daß sie bei ihrem Sinken steigen. Mit Hülfe der so gefundenen ψ_0-Werte ist die Zahlentafel 35 nach der Gl. (69) berechnet und dann das ihr entsprechende Diagramm 65 entworfen worden.

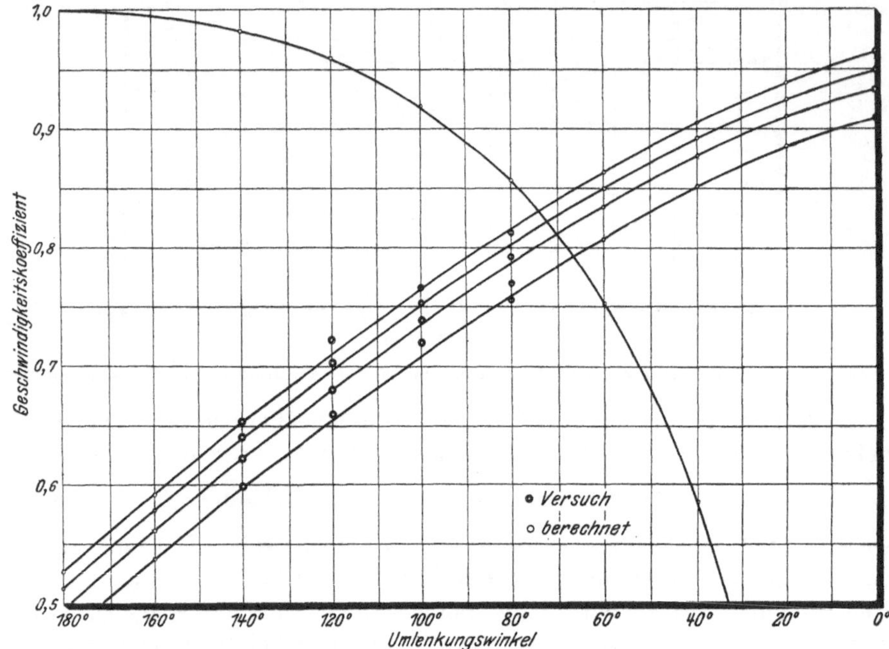

Fig. 65. Geschwindigkeitskoeffizient bei verschiedenen Umlenkungswinkeln und Geschwindigkeiten.

Die doppelt geringelten Punkte gehören dem Versuch an, die anderen der Berechnung nach Gl. (69). Bei 20⁰ stimmen die Versuchs- mit den Berechnungsergebnissen genau überein; bei 30⁰ liegen beide sehr nahe aneinander; bei 40⁰ sind die ersteren etwas höher ausgefallen, und bei 50⁰ sind die Grenzkurven wieder ziemlich genau. Die auftretenden Ungenauigkeiten finden ihre Erklärung darin, daß die Wahl der Schaufelstärke s nicht ganz günstig getroffen war — bei richtiger Versuchseinrichtung müßte sich s proportional der Teilung ändern, d. h. da r unveränderlich ist, umgekehrt proportional dem $\sin \alpha$.

Bei den vorliegenden Versuchen wurde nur darauf gesehen, daß sich der Kanal zwischen zwei Schaufeln nicht verengte, was bei stärkerem s leicht eintreten könnte.

Die aus c, Fig. 66, auf ab gefällte Senkrechte darf nicht rechts von b fallen, sonst muß die Stärke s verkleinert werden. Beachtet man diese Bedingung nicht, so nimmt ψ je nach der Verengung bis über 10 vH ab.

Wie schon früher erwähnt wurde, hängt der Wirkungsgrad des Turbinenrades vom hydraulischen Wirkungsgrade und von dem Geschwindigkeitskoeffizienten ψ ab, der die Verluste in den Schaufeln bedingt. Es ist

$$\eta_{i\,max} = \eta_{h\,max}\,\frac{1 + \psi}{2} = \frac{4}{4 + tg^2\alpha}\,\frac{1 + \psi}{2}\,.$$

In Zahlentafel 38 sind die auf Grund der Versuchsergebnisse nach Gl. (65) berechneten Wirkungsgrade wiedergegeben und dann das entsprechende Diagramm, Fig. 67, entworfen worden. Der höchste Wirkungsgrad stellt sich für

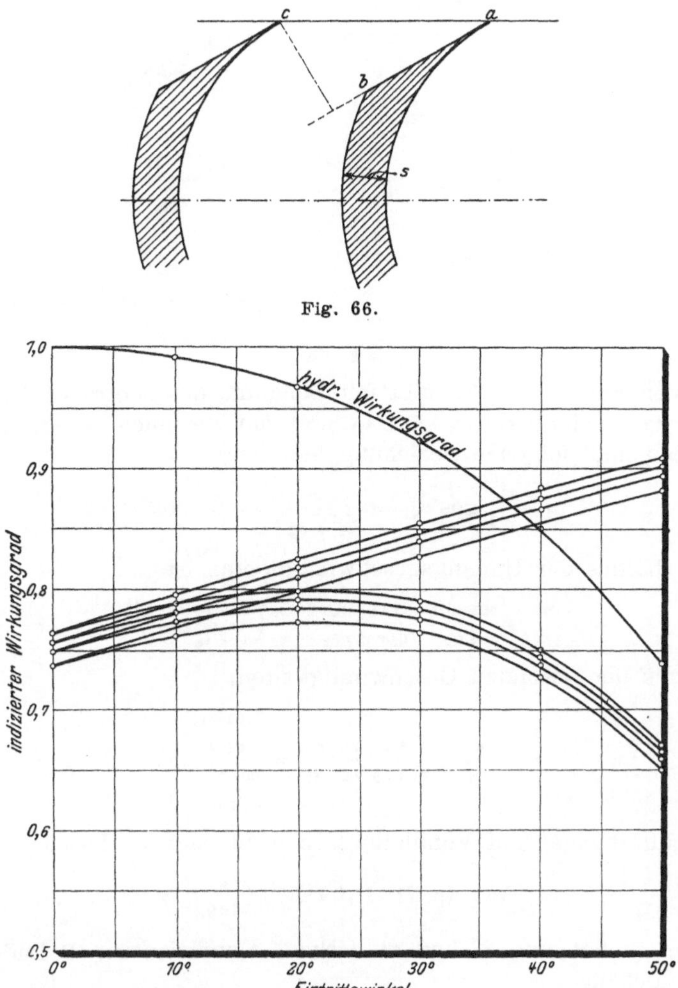

Fig. 66.

Fig. 67. Indizierter Wirkungsgrad der Laufradschaufeln bei verschiedenen Geschwindigkeiten.

verschiedene Geschwindigkeiten ungefähr bei $\alpha = 20^0$ ein. Bei $\alpha = 30^0$ geht er um 1 vH herunter; bei 40^0 um 5 vH und bei 50^0 um 13 vH.

Im günstigsten Falle kann man mit den hier verwendeten Schaufeln einen Wirkungsgrad von 80 vH erzielen.

Es bleibt noch die Frage zu lösen, in welcher Beziehung der hydraulische Wirkungsgrad zu dem Radreibungs- und Ventilationsverluste steht. Zu ihrer Aufklärung seien z. B. zwei mehrstufige Turbinen, die zwischen den Drücken p_1 und p arbeiten, einander gegenüber gestellt. Die Anzahl der Laufräder der ersten Turbine sei z_1, die Geschwindigkeit des austretenden Dampfes c_1, die relative Dampfgeschwindigkeit w_1 und die Umfangsgeschwindigkeit u_1. Die entsprechenden Werte für die zweite Turbine seien mit dem Index 2 bezeichnet.

Es können zwei Fälle vorausgesetzt werden:

1) entweder bleibt die relative Geschwindigkeit in entsprechenden Rädern beider Turbinen unabhängig von der Veränderlichkeit von α_0 dieselbe oder

2) die absolute Geschwindigkeit des aus dem Leitrade austretenden Dampfes bleibt dieselbe.

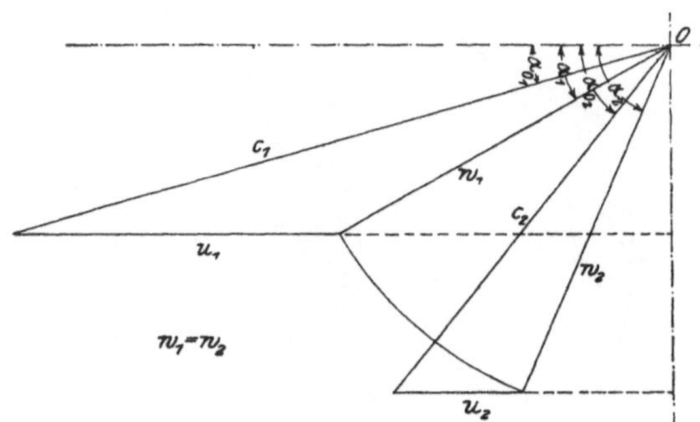

Fig. 68.

Im ersten Falle, Fig. 68, fällt mit Zunahme des Eintrittwinkels α_1 auf α_2 die Umfangsgeschwindigkeit u_1 auf u_2 und mit ihr auch c_1 auf c_2. Zwischen diesen Größen muß folgende Beziehung bestehen:

$$u_1 = \frac{c}{2} \cos \alpha_{01} = \frac{c_1}{\sqrt{4 + \operatorname{tg}^2 \alpha}} = w_1 \cos \alpha_1 \quad \ldots \ldots \quad (79),$$

und das Verhältnis der Umfangsgeschwindigkeiten ist

$$\frac{u_1}{u_2} = \frac{\cos \alpha_1}{\cos \alpha_2} = \frac{c_1 \cos \alpha_{01}}{c_2 \cos \alpha_{02}} = \frac{c_1}{c_2} \left(\frac{4 + \operatorname{tg}^2 \alpha_1}{4 + \operatorname{tg}^2 \alpha_2} \right)^{1/2} \quad \ldots \ldots \quad (80),$$

das Verhältnis der absoluten Geschwindigkeiten:

$$\frac{c_1}{c_2} = \frac{\cos \alpha_1}{\cos \alpha_2} \frac{\cos \alpha_{02}}{\cos \alpha_{01}} = \frac{\dfrac{\cos \alpha_1}{\cos \alpha_2}}{\dfrac{\cos \alpha_{01}}{\cos \alpha_{02}}} \quad \ldots \ldots \quad (81).$$

Die Radreibungs- und Ventilationsarbeit ist nach O. Lasche:

$$N_r = (\beta_1 D^2 + \beta_2 D L^{1\,5}) \left(\frac{u}{100} \right)^3 . \gamma \, \mathrm{PS} \quad \ldots \ldots \quad (82).$$

Hierbei sind β_1 und β_2 unveränderliche Koeffizienten, D Raddurchmesser und L Schaufellänge.

Setzt man voraus, daß entsprechende Räder der zu vergleichenden Turbinen dieselben Durchmesser und Schaufellängen haben, so ergibt sich für zwei solche Räder:

$$\frac{N_{r1}}{N_{r2}} = \left(\frac{u_1}{u_2} \right)^3 = \left(\frac{\cos \alpha_1}{\cos \alpha_2} \right)^3 \quad \ldots \ldots \ldots \quad (83).$$

Da jedoch der sekundliche Dampfverbrauch unter den gemachten Voraussetzungen für zwei Räder nicht gleich ausfällt, so müssen die Radreibungsarbeiten noch auf eine und dieselbe sekundliche Dampfmenge bezogen werden. Der freie Querschnitt der Leiträder verändert sich nach dem Verhältnisse

$$\frac{F_1}{F_2} = \frac{\sin \alpha_{01}}{\sin \alpha_{02}} \quad \ldots \ldots \ldots \quad (84).$$

Die entsprechenden Werte des Dampfverbrauches verhalten sich

Zahlentafel 38.

Indizierter Wirkungsgrad für verschiedene Eintrittwinkel und Geschwindigkeiten.

Ein- und Austrittwinkel α	$\left(\dfrac{1+\psi}{2}\right)$ für verschiedene Geschwindigkeiten				hydraulischer Wirkungsgrad	$\eta_{i\,max} = \dfrac{1+\psi}{2}\cos^2 \alpha_0$ größter indizierter Wirkungsgrad für verschiedene Geschwindigkeiten			
	75 m	150 m	225 m	300 m	$\cos^2 \alpha_0$	75 m	150 m	225 m	300 m
0^0	0,736	0,748	0,756	0,763	1	0,736	0,748	0,756	0,763
10^0	0,768	0,780	0,788	0,795	0,992	0,762	0,774	0,781	0,788
20^0	0,798	0,810	0,818	0,825	0,968	0,773	0,784	0,791	0,790
30^0	0,828	0,840	0,848	0,855	0,923	0,765	0,775	0,783	0,790
40^0	0,855	0,867	0,875	0,883	0,850	0,727	0,737	0,744	0,750
50^0	0,881	0,893	0,901	0,908	0,738	0,650	0,659	0,665	0,670

$$\frac{G_1}{G_2} = \frac{c_1\,F_1}{c_2\,F_2} \quad\cdots\cdots\cdots\quad (85).$$

Aus den Gl. (81), (83), (84), (85) wird schließlich

$$\frac{N_{r1}}{N_{r2}} = \frac{\sin \alpha_2}{\sin \alpha_1}\left(\frac{\cos \alpha_1}{\cos \alpha_2}\right)^3 \quad\cdots\cdots\cdots\quad (86).$$

Dieses Verhältnis wird in PS zwischen den Radreibungsarbeiten bestehen, wenn man zwei zugehörige Räder der beiden Turbinen miteinander vergleicht.

Da aber jede Stufe der ersten Turbine ein größeres Wärmegefälle verzehrt als jede der zweiten, so mußte die Stufenzahl der ersten, da das gesamte Wärmegefälle der beiden Turbinen als gleich vorausgesetzt wurde, sich zu der der zweiten wie die Quadrate der Austrittgeschwindigkeiten verhalten:

$$\frac{Z_1}{Z_2} = \frac{c_2{}^2}{c_1{}^2} = \frac{\left(\dfrac{\cos \alpha_{01}}{\cos \alpha_{02}}\right)}{\left(\dfrac{\cos \alpha_1}{\cos \alpha_2}\right)^2} \quad\cdots\cdots\cdots\quad (87).$$

Folglich ist das Verhältnis der gesamten Reibungsarbeiten, bezogen auf den gleichen sekundlichen Dampfverbrauch:

$$\frac{\Sigma N_{r1}}{\Sigma N_{r2}} = \frac{\sin \alpha_2}{\sin \alpha_1}\left(\frac{\cos \alpha_1}{\cos \alpha_2}\right)^3 \frac{\left(\dfrac{\cos \alpha_{01}}{\cos \alpha_{02}}\right)^2}{\left(\dfrac{\cos \alpha_1}{\cos \alpha_2}\right)^2}$$

oder nach Kürzung und unter Berücksichtung der Beziehung $2\,\mathrm{tg}\,\alpha_{01} = \mathrm{tg}\,\alpha_1$:

$$\frac{\Sigma N_{r1}}{\Sigma N_{r2}} = \left(\frac{\mathrm{tg}\,\alpha_{02}}{\mathrm{tg}\,\alpha_{01}}\right)\left(\frac{\cos^2 \alpha_{01}}{\cos^2 \alpha_{02}}\right) \quad\cdots\cdots\cdots\quad (88)$$

und durch den Eintrittswinkel ausgedrückt:

$$\frac{\Sigma N_{r1}}{\Sigma N_{t2}} = \frac{\mathrm{tg}\,\alpha_2}{\mathrm{tg}\,\alpha_1}\,\frac{4 + \mathrm{tg}\,\alpha_2}{4 + \mathrm{tg}\,\alpha_1} \quad\cdots\cdots\cdots\quad (89).$$

Es werde angenommen, daß die gesamte Radreibungs- und Ventilationsarbeit für eine Turbine mit dem Winkel $\alpha = 20^0$ $\Sigma Nr = 1$ ist. Dann würden sich die entsprechenden Radreibungs- und Ventilationsverluste bei wachsendem α kleiner als 1 stellen, wie auch aus der Zahlentafel ersichtlich ist. (Zahlentafel 39.)

Zahlentafel 39.

Gesamter Wirkungsgrad für verschiedene Eintrittwinkel.

Austritt-winkel des Leit-apparates α_0	Ein- und Austritt-winkel der Schaufel α	Rad-reibungs-arbeit ΣN_r	pro-zentualer Verlust vH	Wirkungs-grad ohne Rad-reibungs-arbeit	gesamter Wirkungs-grad
$10^0\ 19'$	20^0	1	5,00	0,798	0,748
$16^0\ \ 6'$	30^0	0,601	3,01	0,790	0,760
$22^0\ 46'$	40^0	0,391	1,96	0,750	0,730
$30^0\ 47'$	50^0	0,257	1,29	0,670	0,657

2) Nimmt man für entsprechende Räder der beiden Turbinen dasselbe c an, so wird auch das Einzelgefälle zweier zugehörigen Stufen gleich ausfallen, und folglich auch die Stufenzahl. Es ist (Diagramm Fig. 69):

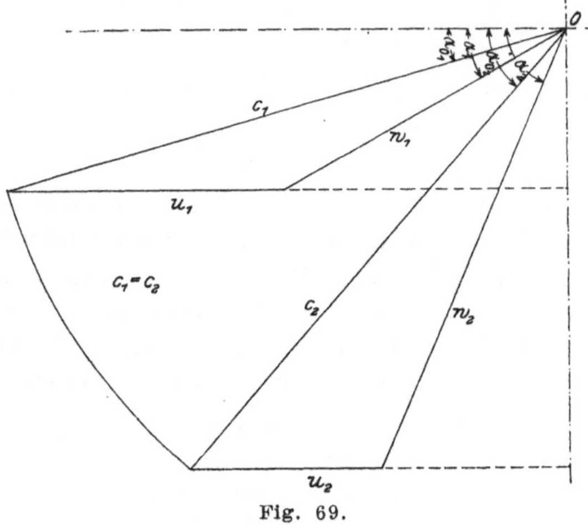

Fig. 69.

$$u_1 = \frac{c_1}{2}\cos\alpha_{01} = w_1\cos\alpha_{01} \quad . \quad . \quad . \quad . \quad . \quad (79).$$

$$\frac{u_1}{u_2} = \frac{\cos\alpha_{01}}{\cos\alpha_{02}} = \frac{w_1\cos\alpha_1}{w_2\cos\alpha_2} \quad . \quad . \quad . \quad . \quad . \quad (90).$$

Das Verhältnis des sekundlichen Dampfverbrauches bei demselben c wird dem Verhältnis der gesamten Ausflußquerschnitte der Leiträder gleichen:

$$\frac{G_1}{G_2} = \frac{F_1}{F_2} = \frac{\sin\alpha_{01}}{\sin\alpha_{02}} \quad . \quad . \quad . \quad . \quad . \quad (91).$$

Da die Stufenzahl bei beiden Turbinen dieselbe ist, so ist auch

$$\frac{\Sigma N_{r1}}{\Sigma N_{r2}} = \frac{N_{r1}}{N_{r2}} \quad . \quad . \quad . \quad . \quad . \quad . \quad (92).$$

Aus den Gl. (82), (90), (91), (92) folgt:

$$\frac{\Sigma N_{r1}}{\Sigma N_{r2}} = \left(\frac{\cos\alpha_{01}}{\cos\alpha_{02}}\right)^3 \frac{\sin\alpha_{02}}{\sin\alpha_{01}} = \frac{\operatorname{tg}\alpha_{02}}{\operatorname{tg}\alpha_{01}}\frac{\cos^2\alpha_{01}}{\cos^2\alpha_{02}} \quad . \quad . \quad . \quad . \quad (93),$$

d. h. das Verhältnis der gesamten Radreibungs- und Ventilationsverluste ist dasselbe wie im ersten Falle.

Diese Erwägung, daß nämlich Radreibungsarbeit und Ventilationsverlust mit steigendem α abnehmen, führt dazu, daß der höchste Wirkungsgrad der

Turbine, wenn man alle Verluste in Betracht zieht, bei größerem α, und zwar bei etwa $\alpha = 30^0$ liegen muß. Für jeden Fall läßt sich die Kurve der Radreibungsarbeit und des Ventilationsverlustes entwerfen und der Winkel α auffinden, bei dem η_i einen Höchstwert hat. So z. B. erhält man, setzt man Radreibungsarbeit und Ventilationsverlust bei $\alpha = 20^0$ zu 5 vH, den günstigsten Wirkungsgrad bei $\alpha = 30^0$. Bei 20^0 ist er um rd. 1 vH, bei 40^0 um 3 vH und bei 50^0 um 10 vH kleiner (siehe Zahlentafel 39).

Krümmungshalbmesser.

Der Ermittlung der günstigsten Teilung für verschiedene Schaufelarten wurde die Veränderlichkeit des Krümmungshalbmessers zugrunde gelegt. Verfolgt man die Veränderlichkeit des Geschwindigkeitkoeffizienten ψ mit der des Krümmungshalbmessers, so ergeben sich die Diagramme 70 bis 72. Sie sind für 3 verschiedene Teilungen: $\tau = \dfrac{r}{2}$; r, $1{,}5\,r$ entworfen worden. Der Geschwindigkeitskoeffizient wächst mit steigendem Krümmungshalbmesser nach dem

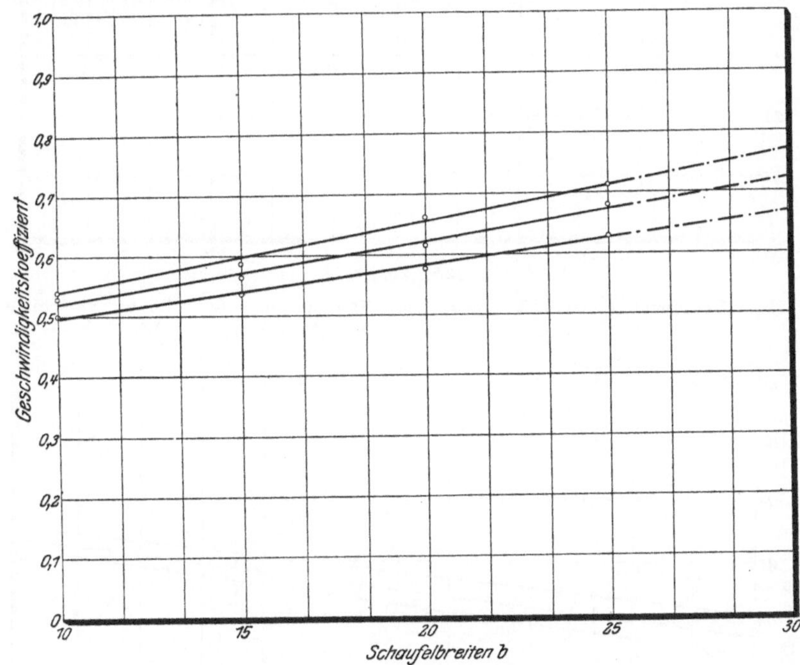

Fig. 70. Geschwindigkeitskoeffizient als Funktion der Schaufelbrei e für verschiedene Geschwindigkeiten. $\alpha = 30^0$. $\tau = \dfrac{r}{2}$.

Gesetze der Geraden. Für die Untersuchung bei $\tau = \dfrac{r}{2}$ laufen die Geraden für verschiedene Geschwindigkeiten auseinander, bei $\tau = r$ sind sie fast parallel, bei $\tau = 1{,}5\,r$ ineinanderlaufend. Folglich wird der Einfluß der Geschwindigkeit bei richtig gewählter Teilung nur darin bestehen, daß die Geraden je nach der Geschwindigkeit höher oder tiefer liegen, während ihre Neigungswinkel gegen die Abszissenachse nicht von der Geschwindigkeit abhängen. Die Versuchsergebnisse lassen sich durch eine einfache empirische Formel wiedergeben:

$$\psi = \psi_0 + 0{,}08\,b \quad \dots \dots \dots \dots \quad (94),$$

worin ψ_0 von der Geschwindigkeit abhängt. Sein Wert kann dem Diagramm 73 entnommen werden.

Obwohl diese Formel nur für einen kleinen Bereich der Veränderlichkeit $b = 10$ bis $b = 25$ mm aufgestellt ist, so hat sie, da gerade diese Werte in der

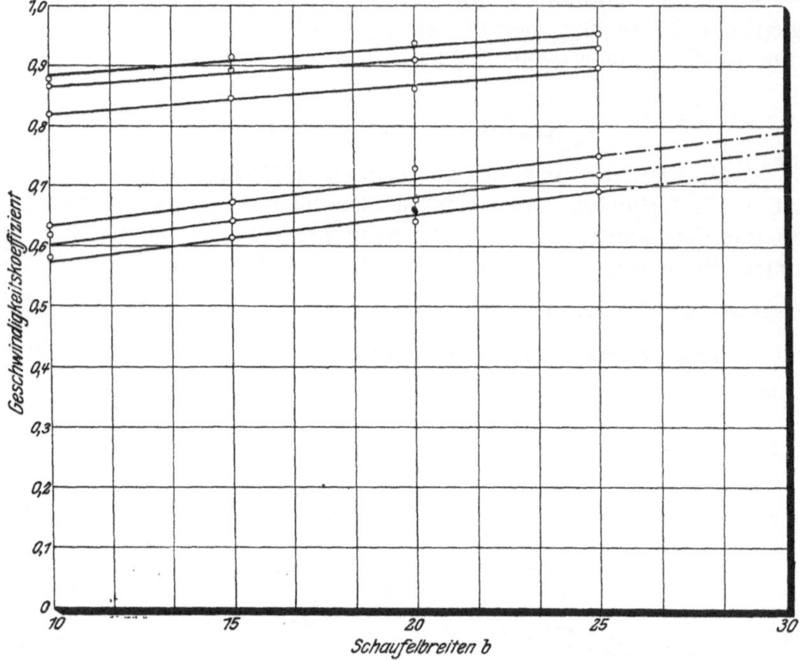

Fig 71. Geschwindigkeitskoeffizient als Funktion der Schaufelbreite für verschiedene Geschwindigkeiten. $\alpha = 30^0$. $\tau = r$.

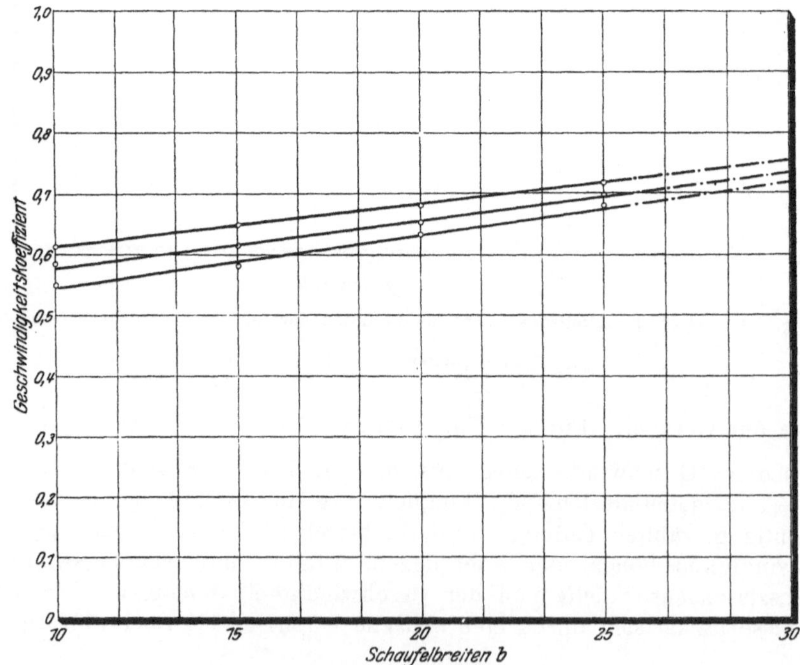

Fig. 72. Geschwindigkeitskoeffizient als Funktion der Schaufelbreite für verschiedene Geschwindigkeiten. $\alpha = 30^0$. $\tau = 1,5\,r$.

Praxis häufig Verwendung finden, eine nicht zu übersehende Bedeutung und könnte deshalb zur Berechnung der Verluste dienen.

Daß der Geschwindigkeitskoeffizient ψ mit dem Krümmungshalbmesser zunimmt, war zu erwarten. Es drängt sich unwillkürlich eine analoge Erschei-

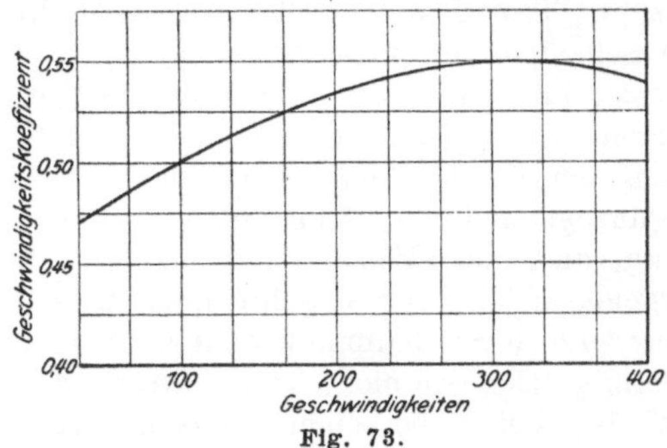

Fig. 73.

nung bei der Rohrreibung auf. Für zylindrische Rohre ist, nach Lorenz, der Druckabfall:

$$\frac{\Delta p}{p} = a_0 \frac{u^2}{T} \frac{L}{D} = 142 \frac{L}{D^{1,31}} \frac{u^2}{T} \quad \cdot \quad \cdot \quad \cdot \quad \cdot \quad \cdot \quad \cdot \quad (95),$$

wenn $a_0 = \dfrac{142}{D^{0,31}}$ gesetzt wird.

Hieraus ist ersichtlich, daß der Druckabfall nicht der ersten Potenz des Durchmessers, sondern $D^{1,31}$ proportional ist und also der Koeffizient a_0 wieder als Funktion von D auftritt.

Aehnliches ergibt sich auch bei Schaufeln — an Stelle des Durchmessers tritt nur der Krümmungshalbmesser. Da sich die Teilung derart verändert, daß das Verhältnis $\dfrac{l}{r}$ immer unverändert und gleich Θ bleibt, so wird der Geschwindigkeitskoeffizient wieder als Funktion des Krümmungshalbmessers auftreten. Außerdem muß die Zahl der Schaufelkanten, auf die der Dampf bei seinem Durchströmen bei unveränderlicher Reibungsoberfläche stößt, umgekehrt proportional dem Krümmungshalbmesser ausfallen. Daß die Kanten einen großen Einfluß auf den Geschwindigkeitkoeffizienten haben, wurde im vorigen Kapitel bei Untersuchung der Winkel nachgewiesen.

Es ist nun von Bedeutung, ob die Gl. (94) nur in den Versuchsgrenzen $b = 10$ bis $b = 25$ gültig ist. Klarheit darüber gewinnt man aus den Versuchen Bankis. Die von Banki verwendeten Schaufeln waren aus Kupferblechstreifen von der Breite $b = 12; 25; 52,5; 81; 100; 120$ mm hergestellt. Ein- und Austrittwinkel lagen, wie aus den Zeichnungen zu schließen ist, offenbar bei 30^0, woraus sich dann die entsprechenden Krümmungshalbmesser zu $r = \dfrac{b}{\sqrt{3}} = 6,92$; $14,43$; $30,3$; $46,7$; $57,7$; $69,2$ mm ergaben.

Alle Schaufeln hatten die radiale Länge $a = 25$ mm. Als Leitrad diente eine erweiterte Düse von quadratischem Querschnitt 20×20 qmm. Der Dampf expandierte von 8 at auf 1 at, wobei sich bei der günstigsten Teilung die in Zahlentafel 40 angeführten tangentialen Drücke auf die Schaufeln einstellten. Der Geschwindigkeitkoeffizient wurde von Banki nach der Gleichung:

$$\psi = \frac{R_1}{R_2} - 1 \quad \cdot \quad \cdot \quad \cdot \quad \cdot \quad \cdot \quad \cdot \quad \cdot \quad \cdot \quad \cdot \quad (96),$$

bestimmt, worin

$R_1 = (1 + \psi)\,c_1 \cos \alpha\, M$ den tangentialen Schaufeldruck und

$R_2 = c_1 \cos \alpha\, M$ den tangentialen Dampfdruck auf die halben in der **Mitte** durchschnittenen Schaufeln darstellt.

R_2 muß für eine bestimmte Geschwindigkeit unabhängig von der Schaufelform unveränderlich sein. Trotzdem fand Banki große Schwankungen für R_2, besonders bei großen Schaufeln mit großen Teilungen, weshalb auch die entsprechenden Zahlenwerte, mit Hülfe deren man den ψ-Wert ermitteln könnte, nicht wiedergegeben sind. Um jedoch eine ungefähre Vorstellung von der Abhängigkeit ψ von r aus den Bankischen Versuchen zu gewinnen, sei vorausgesetzt, daß R_1 im günstigsten Falle 27 kg sei und ψ zu 0,93 werde. Dann ergibt sich R_2 zu 14 kg, und die ψ-Werte werden sich so ändern, wie in der Zahlentafel 40 wiedergegeben ist. Der Geschwindigkeitskoeffizient wächst zugleich mit r bis zu der Grenze $r = 50$ mm, worauf er dann wieder fällt. Diese Versuchsergebnisse Bankis scheinen nicht ganz zutreffend zu sein, denn man könnte wohl erwarten, daß sich ψ bei einer etwas andern Versuchsanordnung als stets wachsend mit r herausstellen wird. Es wurde eine und dieselbe

Zahlentafel 40.

b	r	R_1	ψ
mm	mm	kg	
120	69,2	23,5	0,68
100	57,7	25,0	0,79
81	46,7	27,0 [1])	0,93
52,5	30,3	25,0	0,79
25	14,43	23,0	0,64
12	6,92	20,7	0,48

[1]) Diese Schaufel hat überall gleichen Kanalquerschnitt.

Schaufelstärke bei wachsendem Krümmungshalbmesser beibehalten, weshalb man bei großen Schaufeln ($b - 100$ und 120 mm) gezwungen war, die Teilung kleiner als r zu wählen, um die Bildung großer infolge der Verbreiterung des Dampfkanales in seiner Mitte sich bildender Wirbelungen zu vermeiden. Für Schaufeln von überall gleichem Kanalquerschnitt mit dem Krümmungshalbmesser $r = 46{,}7$ mm ($b = 81$ mm) erwies sich die günstigste Teilung bei nur $\tau = 0{,}7\,r$. Dies rührt davon her, daß die verwendete Düse von 20×20 qmm für die größere Schaufelung noch zu klein war. Sie hätte wohl größer gewählt werden müssen, um einen Vergleich der Ergebnisse aufstellen zu können. In engen Grenzen von r ist die Größe des Leitrades kaum von bedeutendem Einfluß — hier jedoch durfte sie nicht ohne Berücksichtigung bleiben. Für Schaufeln von 100 und 120 mm Breite, bei denen die Teilung unbedingt größer gewählt werden muß, als für die vorhergehenden ($b = 81$ mm), nimmt Banki die Teilung nur zu $\tau = 0{,}35\,r$ und $\tau = 0{,}3\,r$ an. Bei größeren Teilungen, stärkeren Schaufeln und größerem Leitrade müßte denn auch eine Vergrößerung von ψ zu erwarten sein.

Die Veränderlichkeit ψ von r würde dementsprechend eine von 0 ausgehende Kurve sein, die sich der Ordinatenachse und der durch $\psi = 1$ parallel zur Abszissenachse gezogenen Geraden assymptotisch anschmiegt.

Temperatur.

Um hohe Temperaturen zu erhalten, wurde der Versuch aus dem Hörsaale in den Kesselraum verlegt, da sich die Gasheizung als viel zu schwach erwies, den Dampf, der in den langen Rohrleitungen seine Ueberhitzung verlor und dem Hülfskessel nur trocken gesättigt zufloß, wieder auf die nötige Temperatur zu bringen. Der Versuch wurde so vorgenommen, daß zuerst die Reaktionsdrücke, ohne Zwischenschaltung der Schaufeln mittels Wage aufgenommen wurden. Später wurde der Kessel abgekühlt und die Messungen mit den Schaufeln bei entsprechenden Temperaturen wiederholt. Ein derartiges Verfahren bürgt für große Genauigkeit, da die Stellung von Wage und Schaufeln während des ganzen Versuches unverändert blieb. Mit zunehmender Temperatur wächst die Austrittgeschwindigkeit des Dampfes, weil nach der Formel

$$w = \sqrt{2g\,\frac{\varkappa}{\varkappa-1}\,p_1\,v_1\left(1 - \left[\frac{p}{p_1}\right]^{\frac{\varkappa-1}{\varkappa}}\right)} \quad \ldots \ldots \quad (1)$$

das spezifische Volumen zunimmt. Im gleichen Maße nimmt ab die ausfließende Menge

$$G = F\sqrt{2g\,\frac{\varkappa}{\varkappa-1}\,\frac{p_1}{v_1}\left[\left(\frac{p}{p_1}\right) - \left(\frac{p}{p_1}\right)^{\frac{\varkappa+1}{\varkappa}}\right]} \quad \ldots \ldots \quad (97),$$

so daß das Produkt aus Masse und Geschwindigkeit, das den Plattendruck R_0 darstellt, bei verschiedenen Geschwindigkeiten unverändert bleiben muß:

$$R_0 = m\,w$$

oder nach Einsetzung der entsprechenden Werte für m und w und Kürzung

$$R_0 = 2\,F\,\frac{\varkappa}{\varkappa-1}\,p\left[\left(\frac{p_1}{p}\right)^{\frac{\varkappa-1}{\varkappa}} - 1\right] \quad \ldots \ldots \quad (98).$$

Der Plattendruck hängt folglich nicht von der Temperatur ab und ist eine Funktion nur des Dampfdruckes. Wendet man sich nach dieser Vorbemerkung zu den Versuchsergebnissen, so ist aus Zahlentafel 41 ersichtlich, daß die Reaktionsdrücke mit steigender Temperatur kleiner werden, und zwar beträgt dieser Unterschied 5 vH bei einem Temperaturunterschied von 250° oder also 1 vH auf 50° Temperaturunterschied. Die Richtigkeit dieses Schlusses findet durch die Versuche von Prof. E. Lewicki ihre Bestätigung.

Zahlentafel 41.
Versuch am 6. Juli 1907. Versuchszahlentafel.
Geschwindigkeitskoeffizienten bei verschiedenen Temperaturen
für Schaufeln Nr. 3 bei $\tau = r$.

Versuch Nr.	Temperatur im Versuchskessel t °C	unmittelbarer Reaktionsdruck auf die Platte R_0 g	Reaktionsdruck bei Einschaltung der Schaufelprofile R_3 g	Geschwindigkeitskoeffizient ψ
1	150	320,0	232,5	0,727
2	175	317,0	233,0	0,735
3	200	316,0	233,0	0,736
4	225	315,5	232,5	0,738
5	250	315,0	232,5	0,740
6	275	313,0	233,0	0,745
7	300	310,0	233,0	0,752
8	325	307,5	233,0	0,758
9	350	305,5	233,0	0,763
10	375	305,0	232,5	0,764
11	400	304,0	233,0	0,766

$$\text{Manometerablesung} \begin{cases} \text{links} & = 145 \\ \text{rechts} & = 143{,}2 \end{cases}; \quad \frac{p_1}{p} = 1{,}3435.$$

Zahlentafel 43.

Dampftemperatur vor der Düse t_1	Druck P des Strahles
°C	kg
167	2,358
173	2,358
176	2,358
180,5	2,346
183	2,346
187	2,346
190	2,346
197	2,346
201	2,323
203	2,323
208	2,323
212	2,323
216	2,311
219	2,299

Zahlentafel 44.

Dampftemperatur vor der Düse t_1	Druck P des Strahles
°C	kg
169	2,230
178	2,230
199	2,230
205	2,230
210	2,230
215	2,230
218	2,230
225	2,207
227	2,183
230	2,183

Aus ihnen ergeben sich 2 vH (Zahlentafel 43) und 1,75 vH Verluste (Zahlentafel 44) an Reaktionsdruck, infolge einer Temperaturerhöhung von 50°.

Diese Verluste an Reaktionsdruck rühren wohl davon her, daß sich die Widerstände in der Düse mit abnehmender Dampfdichte vergrößern. Daß nicht die größerwerdende Geschwindigkeit einen solchen Einfluß ausüben kann, ist aus den Ausflußversuchen zu ersehen, wo gerade das Umgekehrte eintritt und der Geschwindigkeitskoeffizient mit wachsender Geschwindigkeit zunimmt.

Außerdem erweitert sich die Düse selbst bei steigender Temperatur und vergrößert somit ihren Ausflußquerschnitt, wodurch der Reaktionsdruck erhöht wird. Im Gegenteil könnte der Luftwiderstand einen weniger dichten Dampfstrahl mehr beeinflussen als einen solchen von größerer Dichte.

Der Versuch wurde bei einem und demselben Drucke durchgeführt, was mit höheren Temperaturen steigende Geschwindigkeiten zur Folge hat. Es muß folglich das Druckverhältnis so gewählt werden, daß der Geschwindigkeitskoeffizient ψ in diesem Bereiche der Geschwindigkeitszunahme annähernd unverändert bleibt. Aus den Diagrammen, Fig. 19 bis 21, geht hervor, daß die Werte von ψ für die Schaufeln Nr. 3, $b = 20$ mm, bei von 300 m/sk auf 400 m/sk steigender Geschwindigkeit so wenig von einander abweichen, daß man sie als unveränderlich ansehen kann. Aus Druck und Temperatur im Versuchskessel lassen sich nach der Mollierschen Zustandsgleichung die spezifischen Volumina berechnen

$$v = 47\,\frac{T}{P} - \mathfrak{v} + 0{,}001,$$

die in der Zahlentafel 42 wiedergegeben sind und mit ihrer Hülfe und dem gewählten Druckverhältnisse können, wenn die Expansion nach der Adiabate verläuft, die spezifischen Volumina und spezifischen Gewichte des austretenden Dampfes bestimmt werden, wie folgt:

$$v = v_1 \left(\frac{p_1}{p}\right)^{\frac{1}{\varkappa}}$$

und

$$\gamma = \frac{1}{v}.$$

Diese Berechnungen sind in Zahlentafel 42 zu finden.

Zahlentafel 42.

Einfluß der Temperatur auf den Geschwindigkeitskoeffizienten
für Schaufeln $b = 20$, $\alpha = 30^0$; $\tau_g = r$.

Versuch Nr.	Anfangstemperatur im Kessel t_1 ^{0}C	spezifisches Anfangsvolumen v_1	aus den Versuchen ψ	Verlustkoeffizient $\zeta = \dfrac{1}{\psi^2} - 1$	ζ^2	spez. Volumen beim Austritt v	spez. Gewicht beim Durchströmen der Schaufeln γ	berechnete Werte von ψ
1	150	1,4693	0,727	0,890	0,792	1,8440	0,5423	0,727
3	200	1,6428	0,736	0,845	0,714	2,0618	0,4850	0,738
5	250	1,8211	0,740	0,825	0,681	2,2855	0,4375	0,745
7	300	1,9983	0,752	0,767	0,588	2,5079	0,3987	0,753
9	350	2,1747	0,763	0,718	0,516	2,7293	0,3664	0,760
11	400	2,3508	0,766	0,684	0,462	2,9503	0,3390	0,766

Berechnet man weiter den Verlustkoeffizienten wie in der Hydraulik

$$\zeta = \frac{1}{\psi^2} - 1 \quad \cdots \cdots \cdots \quad (48)$$

und bildet das Quadrat dieser Größe, so läßt sich ersehen, daß das spezifische Gewicht γ unmittelbar proportional dem Quadrate des Verlustkoeffizienten ist

$$\gamma = a\,\zeta^2,$$

wo a die Proportionalität bestimmt.

$$\zeta = \sqrt{\frac{\gamma}{a}}$$

und setzt man $\sqrt{\dfrac{1}{a}} = m$, so wird der Verlustkoeffizient zu

$$\zeta = m\sqrt{\gamma} \quad \cdots \cdots \cdots \quad (99).$$

Nach Einsetzung dieses Wertes in die Gl. (48) ergibt sich ψ zu

$$\psi = \sqrt{\frac{1}{1 + m\sqrt{\gamma}}}\,.$$

Hier ist m wieder als Funktion der Geschwindigkeit zu betrachten. Bildet man für a den Mittelwert aus Zahlentafel 42, so erhält man

$$a = 0{,}688$$

und schließlich den Geschwindigkeitskoeffizienten

$$\psi = \sqrt{\frac{1}{1 + 1{,}205\sqrt{\gamma}}} \quad \cdots \cdots \cdots \quad (100).$$

Die nach dieser Formel berechneten Werte stimmen mit den Versuchsergebnissen gut überein (s. Diagramm 74).

Das hier erhaltene Ergebnis steht in Widerspruch mit der von Fritsche bei Rohrreibungsversuchen ermittelten Gleichung für den Widerstandskoeffizienten ζ_r

$$\zeta_r = \frac{a}{\gamma^{0,148}\,w^{0,148}\,D^{0,269}} \quad \cdots \cdots \cdots \quad (101),$$

wobei

w die Geschwindigkeit des strömenden Dampfes

γ das spezifische Gewicht

D der Rohrdurchmesser

a die Proportionalität.

Da sich aber die hier gefundene Abhängigkeit ψ von γ nur auf einen Versuch stützt, und zwar nur für ein Schaufelprofil, so kann sie keinen Anspruch auf volle Richtigkeit machen.

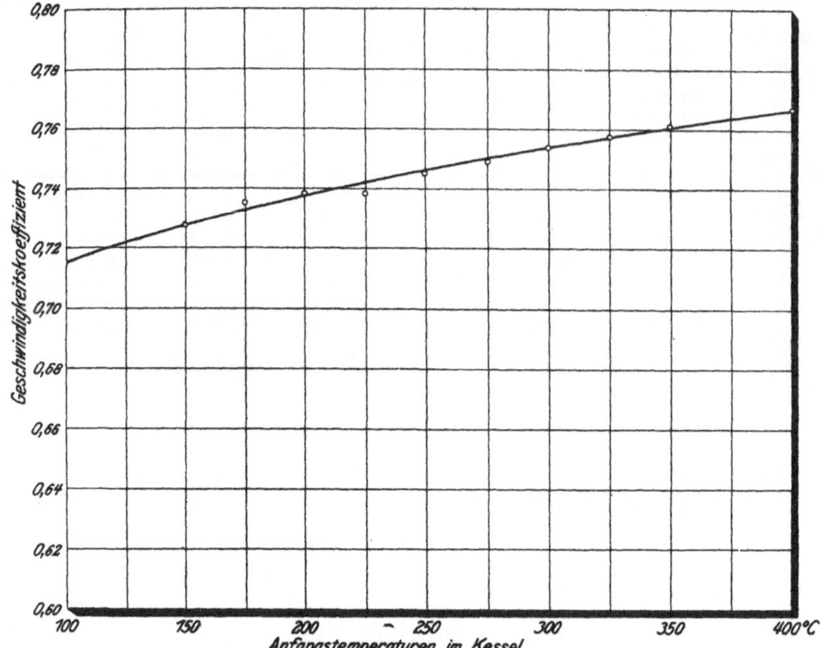

Fig. 74. Geschwindigkeitskoeffizient als Funktion der Temperatur.

$$\alpha = 30^0. \quad b = 20 \text{ mm.} \quad \frac{p_1}{p} = 1{,}3435.$$

Geschwindigkeit.

Wichtig zur Erlangung eines günstigen Wirkungsgrades ist noch die Frage, mit welchen Geschwindigkeiten der Dampf die Schaufeln durchströmt.

Banki löst diese Frage in dem Sinne, daß er den Geschwindigkeitskoef-fizienten als Funktion der Geschwindigkeit selbst und als fallend mit ihrem Steigen ansieht — entsprechend dem Diagramm 75.

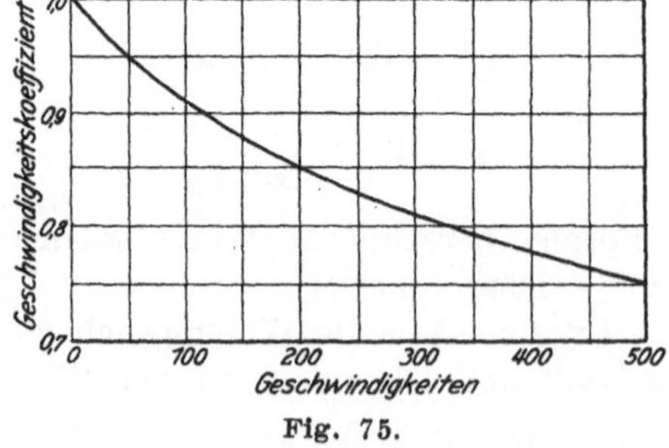

Fig. 75.

Dies Ergebnis steht in gewissem Maße in Widerspruch mit der analogen Erscheinung des Strömens von Luft (Dampf) und Flüssigkeiten in Rohren, für die Zeuner fand: der Widerstandskoeffizient verändert sich mit der Geschwin-digkeit nach dem Gesetz

$$\zeta_r = a + \frac{b}{\sqrt[]{w}} \quad \cdot \quad \cdot \quad \cdot \quad \cdot \quad \cdot \quad \cdot \quad \cdot \quad (102),$$

wobei a und b feste Zahlen sind. In der Zahlentafel 45 sind die nach dieser Formel berechneten Widerstandskoeffizienten für kleine Geschwindigkeiten angeführt. Bei unendlich kleinem w wird ζ_r unendlich groß, und folglich muß sich der Geschwindigkeitskoeffizient dem Nullwerte nähern.

Zahlentafel 45.

Ge-schwin-digkeit	Wider-stands-koeffizient
m	ζ_2
0,25	0,03500
0,50	0,02892
1	0,02464
2	0,02161
4	0,01947
6	0,01253
8	0,01796
10	0,01758
20	0,016624
50	0,015774
100	0,01534

Aus dem Bankischen Diagramm geht jedoch hervor, daß der Geschwindigkeitskoeffizient bei $w = 0$ zu 1 wird.

Diese beiden Ergebnisse stehen in so scharfem Gegensatze, daß der Versuch, sie durch den Einfluß des Krümmungshalbmessers zu erklären, vergeblich erscheint. Die Reibung des Dampfes an einer gekrümmten Schaufel wird stets größer sein als in einem geraden Rohre von gleicher Oberfläche — unabhängig davon, mit welcher Geschwindigkeit der Dampf Schaufel oder Rohr durchströmt. Nur im Grenzfalle, wenn sich die Geschwindigkeit der Null nähert, wird der Unterschied unendlich klein werden, da die Fliehkraft $\frac{w^2\,m}{r}$, welche die Wirbelungen hervorruft, auch der Null zustrebt.

Folglich nähert sich der Geschwindigkeitskoeffizient in beiden Fällen beim Durchströmen der Schaufel bezw. des Rohres bei abnehmenden Geschwindigkeiten demselben Nullwerte.

Da die von Zeuner und noch früher von Weißbach aufgestellten Gesetze auf so zahlreichen Versuchen beruhen, daß an ihrer Richtigkeit kein Zweifel aufkommen kann, so könnte das Bankische Diagramm nur den Einfluß des Krümmungshalbmessers der Schaufel auf den Wirkungsgrad in bezug auf verschiedene Geschwindigkeiten darlegen. Dann ließe sich der Verlauf der Kurve der gesamten Verluste in den Schaufeln auf den Einfluß zweier Faktoren zurückführen: des theoretischen Reibungsverlustes, der nur von der von Dampf bespülten Oberfläche abhängt und des Umlenkungsverlustes, der, da $a = 30^0$ als unveränderlich angenommen sei, durch den Krümmungshalbmesser bedingt wird. Im ersten Falle muß sich die ψ_r-Kurve nach Zeuner einer um $\sqrt{\dfrac{1}{1+a}}$ von der Abszissenaxe entfernten Parallelen als Assymptote nähern[1]); im zweiten Falle würde die Bildung von Wirbelungen bei kleineren Geschwindigkeiten

---

[1]) Diese Voraussetzung wird durch die Versuche von Fritzsche bestätigt, s. Gl. (101). ψ nähert sich mit wachsender Geschwindigkeit der 1.

5*

kleiner ausfallen als bei großen, und im Grenzfälle, bei unendlich kleiner Geschwindigkeit wird ψ_n zu 1 werden, indem es dann allmählich fällt. Setzt man diese beiden Kurven zusammen, so erhält man die ψ-Kurve, die die gesamten Verluste bedingt. Ihr Verlauf muß derart sein, daß sie von Null aus bei einer gewissen Geschwindigkeit ihren Höchstwert erreicht und dann wieder sinkt. Sollten außer den oben angeführten Versuchen keine weiteren derselben Art von Banki vorgenommen sein, so ließe sich aus ihnen allein wohl kaum die an sie geknüpfte Folgerung aufrecht erhalten. In dem diesbezüglichen Aufsatze findet sich nur das hier wiedergegebene Diagramm Fig. 76 u. 77, aus dem der entgegengesetzte Schluß zu ziehen ist. Den Geschwindigkeitskoeffizient berechnete Banki aus der Formel:

$$\psi = \frac{R_1}{R_2} - 1 \qquad \ldots \ldots \ldots \quad (96).$$

Die Linie R_2 (Reaktion für die halben Schaufeln, Fig. 76), ist fast eine Gerade, während R_1 ein wenig nach rechts gebogen ist. In jenem Aufsatze ist nicht gesagt, für welches Schaufelprofil dies Diagramm aufgenommen worden ist. Jedenfalls geht aus den R-Linien hervor, daß der Geschwindigkeitskoeffizient mit den Geschwindigkeiten wächst. Um weiter die Erscheinung zu er-

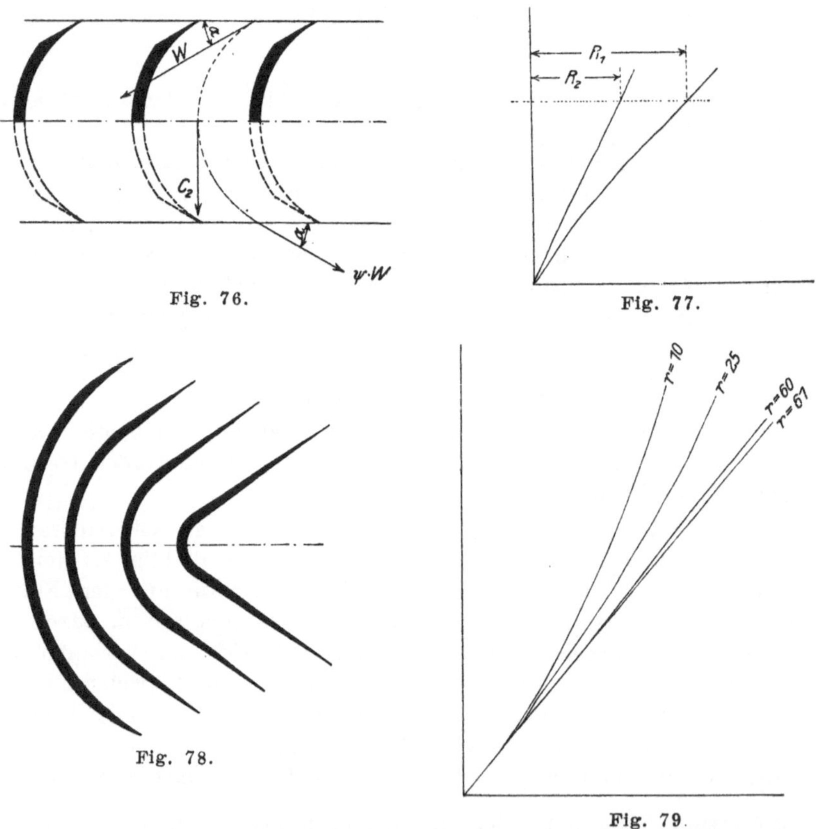

Fig. 76.

Fig. 77.

Fig. 78.

Fig. 79.

klären, daß der Geschwindigkeitskoeffizient bei größeren Geschwindigkeiten kleiner ausfällt, sind von Banki Versuche angestellt worden, deren Wesen im folgenden besteht:

Die aus gleich langen Blechstreifen hergestellten 4 Schaufelarten, Fig. 78, waren derart gebogen, daß ihre Krümmungshalbmesser 10, 25, 40 und 61 mm

betrugen. Ein- und Austrittwinkel waren dabei $\alpha = 30^0$. Bei einem Ueber-
druck von 7 at ergaben sich die Reaktionsdrücke zu 28,5 kg, 28,5 kg, 23,0 kg
und 18,5 kg. (Siehe Diagramm 79). Da vor allem angestrebt wurde, die von
Dampf bespülte Oberfläche für alle 4 Schaufelarten unverändert zu halten und
nur den Krümmungshalbmesser der Schaufeln zu verändern, so war auch die
Teilung für alle Profile dieselbe. Nach der hier aufgestellten Formel aber
müßte die günstigste Teilung dem Krümmungshalbmesser der Schaufel gleich
gehalten werden, und da dies nicht geschehen ist, so arbeiteten nicht alle
Schaufeln bei den günstigsten Verhältnissen. Die von Dampf bespülte Oberfläche könnte mit gewöhnlichen Schaufeln auf eine einfachere Weise unverändert gehalten werden, wenn man die Teilung proportional der Schaufellänge
$r \Theta$ abändern würde. Dann würden auch alle Profile bei der günstigsten Teilung untersucht werden können.

Es ist möglich, daß bei großen Geschwindigkeiten oberhalb der Schallgeschwindigkeit der Einfluß des Krümmungshalbmessers bei zunehmenden Geschwindigkeiten infolge der ungünstigen Teilung größer wird, und daß der
ψ-Wert also fällt.

Die Versuchseinrichtung selbst zur Ermittlung von ψ abhängig von
der Geschwindigkeit kann nicht als ganz zuverlässig angesehen werden, da die
Schaufeln selbst beweglich waren und bei größer werdenden Geschwindigkeiten
ihre Lage gegen das Leitrad änderten.

Zur Ermittlung der ψ-Werte inbezug auf die Veränderlichkeit der Geschwindigkeit genügen die früheren Versuche, die zur Bestimmung der günstigsten Teilung vorgenommen wurden — und zwar die Versuche mit der Schaufel
$\alpha = 30^0$, weil sich gerade dieser Winkel als der vorteilhafteste ergab. Die Ergebnisse sind in 4 Diagrammen, für $\tau = {}^1/_2\, r$, $\tau = r$, $\tau = 1,5\, r$ und $\tau = 2\, r$ wieder-

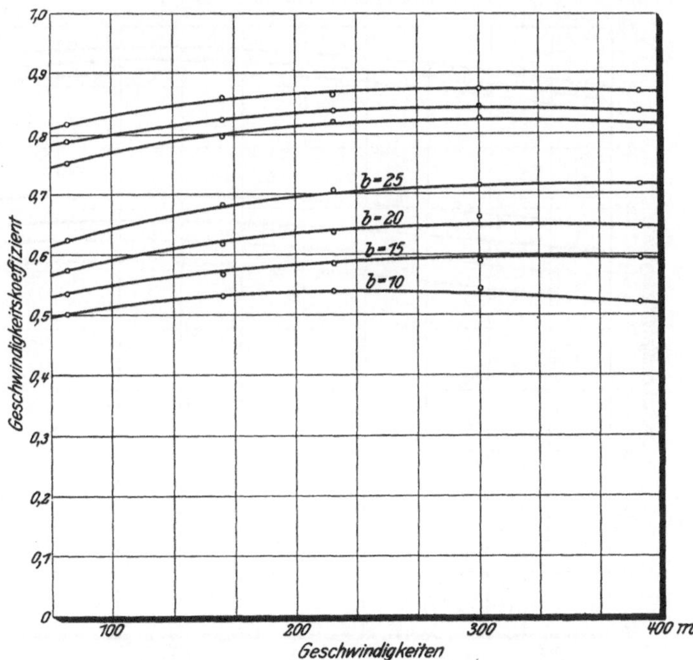

Fig. 80. Geschwindigkeitskoeffizient als Funktion der Geschwindigkeit für verschiedene
Schaufelbreiten. $\alpha = 30^0$, $\tau = \dfrac{r}{2}$.

gegeben (siehe Diagramme 80 bis 83). Jedes Diagramm enthält 4 Kurven für verschiedene Krümmungshalbmesser. (Die über ihnen liegenden Kurven beziehen sich auf denselben Versuchen unterworfene gerade Platten und stellen ψ_r dar.)

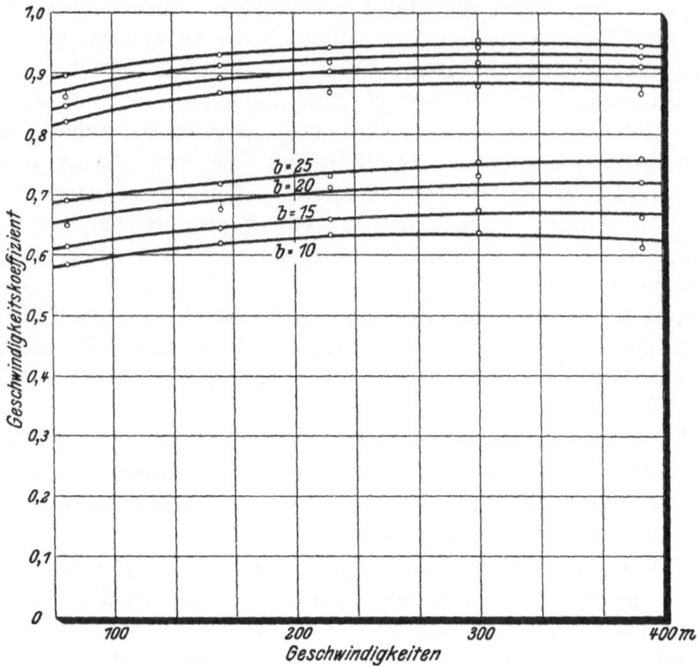

Fig. 81. Geschwindigkeitskoeffizient als Funktion der Geschwindigkeit für verschieden Schaufelbreiten. $\alpha = 30^0$. $\tau = r$.

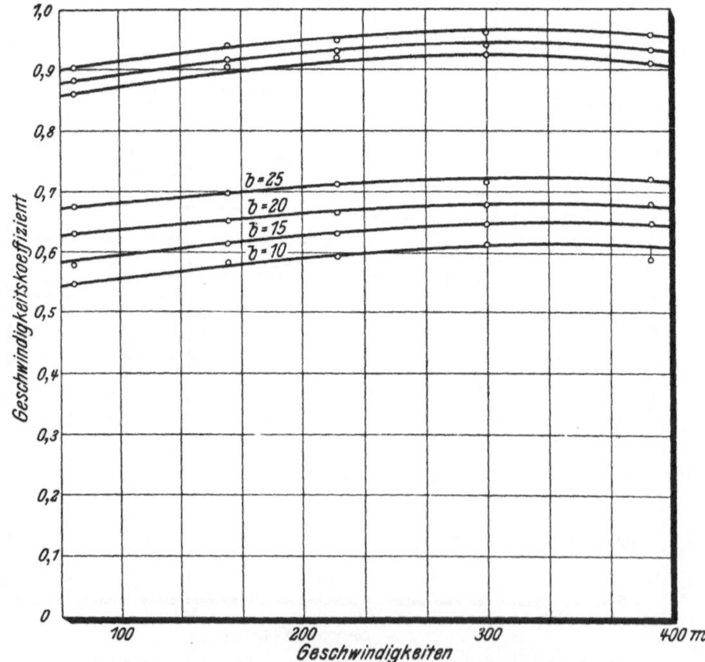

Fig. 82. Geschwindigkeitskoeffizient als Funktion der Geschwindigkeit bei verschiedenen Schaufelbreiten. $\alpha = 30^0$. $\tau = 1,5\, r$.

In allen Fällen fiel der ψ-Wert bei den kleinsten Geschwindigkeiten am kleinsten aus. Für Schaufeln mit kleinen Krümmungshalbmessern erreichen die ψ-Kurven ungefähr bei 300 m/sk ihren Höchstwert und fallen dann wieder. Für die großen Schaufeln weisen sie im Gegenteil einen mit der Geschwindigkeit immer steigenden Verlauf auf. Für die Schaufeln $b = 10$ mm ist der Einfluß der Geschwindigkeiten auf ψ je nach der Teilung verschieden. So z. B. wächst ψ im Bereiche der Geschwindigkeiten 70 bis 400 m/sk bei $\tau = \frac{r}{2}$ um 1,7 vH, bei $\tau = r$ um 2,8 vH, bei $\tau = 1{,}5\,r$ um 3,9 vH und bei $\tau = 2\,r$ um 6,2 vH, d. h. mit

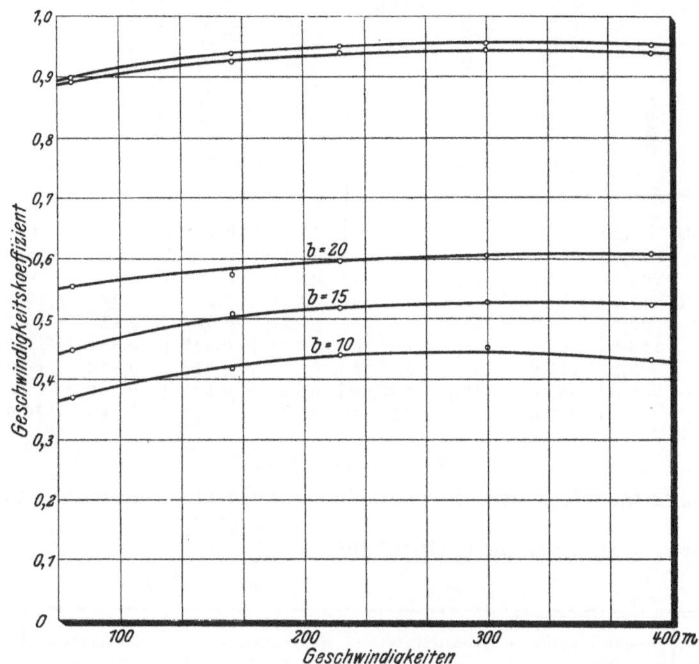

Fig. 83. Geschwindigkeitskoeffizient als Funktion der Geschwindigkeit für verschiedene Schaufelbreiten. $\alpha = 30^0$. $\tau = 2\,r$.

wachsender Teilung ist der Einfluß der Geschwindigkeiten auf ψ bedeutender. Dieser Umstand deutet wieder darauf hin, daß die Versuchseinrichtung von Banki wohl nicht ganz einwandfrei ist. Die Schaufeln mit kleinen Krümmungshalbmessern waren offenbar zu weit voneinander gestellt, weshalb die größer werdenden Geschwindigkeiten einen so großen Einfluß auf ψ ausübten.

Für die Schaufeln Nr. 4 ($b = 25$ mm) wächst der Geschwindigkeitskoeffizient in denselben Geschwindigkeitsgrenzen bei $\tau = \frac{r}{2}$ um 9,1 vH, bei $\tau = r$ um 6,8 vH, bei $\tau = 1{,}5\,r$ um 4,1 vH, d. h. umgekehrt wie bei den früheren Schaufeln.

Um eine zuverlässige ψ-Kurve zu erhalten, wurde ein Ergänzungsversuch mit den Schaufeln Nr. 4 bei $\tau = {}^3/_4\,r$ vorgenommen und 9 Punkte in den Geschwindigkeitsgrenzen 45,96 m/sk bis 428,1 m/sk festgelegt. Diese sind in der Zahlentafel 46 zu finden. Der Geschwindigkeitskoeffizient wächst in diesem Falle gleichmäßig mit der Geschwindigkeit und weist in den Grenzen des Versuches einen Zuwachs um 10 vH auf. Die in der Zahlentafel angeführten Verlustkoeffizienten sind aus

$$\zeta = \frac{1}{\varphi^2} - 1 \quad \ldots \ldots \ldots \ldots \quad (48)$$

Zahlentafel 46.

Mittwoch, 26. Juni 1907.   Barometerstand $B = 751{,}1$.   Raumtemperatur $t = 30^0$.

$$\tau = {}^3/_4\, r.$$

Geschwindigkeitskoeffizienten bei verschiedenen Geschwindigkeiten
für Schaufel Nr. 4 bei $b = 25$.

Versuch Nr.	Manometer-ablesungen			unmittelbarer Reaktionsdruck R_0 g	Reaktionsdruck bei Einschaltung der Schaufeln R_4 g	Geschwindigkeit in d·n Schaufeln w m	Geschwindigkeitskoeffizient ψ	Geschwindigkeitskoeffizient in der Düse φ	Verlustkoeffizient in den Schaufeln $\zeta = \dfrac{1}{\psi^2} - 1$	$\sqrt{w}$	berechneter Ges. hwin- digkeits- koeffizient $\psi = \sqrt{\dfrac{1}{1{,}5 + \dfrac{6}{\sqrt{w}}}}$
	links		rechts								
1	40	H$_2$O	30,0	7,0	4,5	45,96	0,643	0,922	1,53	6,78	0,646
2	65	»	130,0	19,3	12,0	77,07	0,674	0,919	1,20	8,78	0,676
3	220	»	200,0	42,5	29,5	113,00	0,695	0,929	1,07	10,63	0,695
4	50	Hg	46,4	78,0	55,0	154,30	0,712	0,923	0,97	12,42	0,710
5	85	»	82,2	168,0	122,0	227,10	0,727	0,936	0,89	15,07	0,725
6	145	»	143,8	316,0	233,0	303,50	0,738	0,947	0,836	17,042	0,736
7	200	»	198,2	447,0	332,0	362,00	0,742	0,963	0,816	19,03	0,742
8	250	»	252,6	553,0	412,0	397,90	0,745	0,962	0,802	19,95	0,745
9	300	»	300,0	652,0	487,0	428,10	0,747	0,967	0,792	20,69	0,747

Zahlentafel 47.

Geschwindigkeitskoeffizienten für verschiedene Geschwindigkeiten und Schaufel-
breiten, gerechnet nach Gleichung $\psi = \sqrt{\dfrac{1}{1{,}44 + \dfrac{6}{\sqrt{w}}}} - 0{,}08\,(2{,}5 - b).$

No. det Versuches	Dampf-geschwindig-keit w m	Schaufelprofil Nr. 1 $b = 10$		Schaufelprofil Nr. 2 $b = 15$		Schaufelprofil Nr. 3 $b = 20$		Schaufelprofil Nr. 4 $b = 25$		$b = 30$	
		Versuch	berechnet	Versuch	berechnet	Versuch	berechnet	Versuch	berechnet	Versuch	ber.chnet
1	77,07	0,580	0,565	0,610	0,605	0,640	0,645	0,690	0,685	—	0,725
2	154,3	0,616	0,600	0,641	0,640	0,680	0,680	0,718	0,720	—	0,760
3	227,1	0,632	0,618	0,656	0,658	0,700	0,698	0,738	0,738	—	0,778
4	303,5	0,684	0,629	0,671	0,669	0,717	0,709	0,750	0,749	—	0,789
5	397,9	0,610	0,637	0,660	0,677	0,718	0,717	0,758	0,757	—	0,797

berechnet worden.   Die Veränderlichkeit des Geschwindigkeitskoeffizienten mit
der Geschwindigkeit selbst kann, ähnlich wie Zeuner den Widerstandskoeffizienten ausdrückt, ermittelt werden aus:

$$\zeta = a = \frac{b}{\sqrt{w}} \qquad \ldots \ldots \ldots \quad (102).$$

Durch diese 2 Gleichungen (48), (102) läßt sich das Gesetz der Veränderlichkeit ψ aufstellen, wie folgt:

$$\psi = \sqrt{\frac{1}{\alpha + \dfrac{\beta}{\sqrt{w}}}} \qquad \ldots \ldots \ldots \quad (103).$$

Die aus den Versuchsergebnissen berechneten Konstanten ergeben sich zu

$$\alpha = 1{,}5,$$
$$\beta = 6.$$

Dann ist

$$\psi = \sqrt{\cfrac{1}{1{,}5 + 6\,\cfrac{1}{\sqrt{w}}}} \quad \ldots \ldots \ldots \quad (104).$$

Die nach dieser Gleichung berechneten ψ-Werte sind in der letzten Spalte der Zahlentafel 46 angegeben worden, und es zeigt sich, daß Versuchsergebnisse und Berechnungen sehr gut übereinstimmen. Dies deutet nochmals darauf hin, daß der Einfluß des Krümmungshalbmessers bei Schaufeln von $b = 25$ mm unterhalb der Schallgeschwindigkeit die von Zeuner für Rohrreibung aufgestellte Gleichung nicht hinfällig macht. Er berührt nur die Konstanten, nicht aber den gesetzmäßigen Verlauf der ψ-Kurven bei verschiedenen Geschwindigkeiten.

Im weiteren sei nur das auf $\tau = r$ bezügliche Diagramm berücksichtigt. Die obere Kurve für Schaufel Nr. 4 steigt dauernd mit der Geschwindigkeit. Die dritte ($b = 20$ mm) neigt sich an ihrem Ende ein wenig. Dasselbe zeigt sich bei Schaufel Nr. 2, und erst bei Nr. 1 ist diese Neigung beträchtlich.

Darum ist es denn unmöglich, die Ergebnisse in einer einfachen Gleichung zusammenzufassen, und man muß sich damit begnügen, sie für eine mittlere Kurve aufzustellen. In dem vorliegenden Falle wird dies etwa die Kurve für $b = 15$ mm sein. Setzt man voraus, daß die andern äquidistant zu ihr verlaufen, so wird der mit dieser Annahme verbundene Fehler 1 vH nicht übersteigen. Aus den Zahlentafeln der Versuchsergebnisse können die Konstanten α und β ebenfalls wie im vorhergehenden Falle bestimmt werden. Die auf das Schaufelprofil Nr. 4: $b = 25$ mm, $\alpha = 30^{0}$ und $\tau = r$ bezogene Gleichung ist

$$\psi = \cfrac{1}{\sqrt{1{,}44 + 6\,\cfrac{1}{\sqrt{w}}}} \quad \ldots \ldots \ldots \quad (105).$$

Allgemein, bei der Veränderlichkeit von b in den Grenzen $b = 15$ mm bis $b = 25$ mm, und bei Geschwindigkeiten unterhalb der Schallgeschwindigkeit kann man setzen:

$$\psi = \cfrac{1}{\sqrt{1{,}44 + 6\,\cfrac{1}{\sqrt{w}}}} - 0{,}08\,(2{,}5 - b) \quad , \quad \ldots \ldots \quad (106),$$

wobei

$$w \text{ in m}$$
$$b \text{ » cm.}$$

Die nach dieser Formel berechneten ψ-Werte sind in der Zahlentafel 47 angegeben und ihnen die Versuchswerte aus Zahlentafeln 14 bis 18 und den Diagrammen 80 bis 83 gegenübergestellt.

Wie ersichtlich, fallen die Ergebnisse bei Schaufel Nr. 4 ($b = 25$ mm) fast zusammen, bei Nr. 3 ($b = 20$ mm) und Nr. 2 ($b = 10$ mm) beträgt der Unterschied nicht mehr als 1 vH, nur zeigt der Geschwindigkeitskoeffizient für Schaufeln Nr. 2 bei einer Zunahme der Geschwindigkeit von 300 m/sk auf 400 m/sk einen schwachen Abfall, während sich nach der Formel ein Steigen einstellen müßte. Für Schaufel Nr. 1 ($b = 10$ mm) beträgt der Unterschied bei der Geschwindigkeit 300 m/sk 1,5 vH und fällt erst bei höheren Geschwindigkeiten bis auf 2,7 vH.

Wie man sieht, ist der Einfluß des Krümmungshalbmessers bei diesen Geschwindigkeiten recht beträchtlich, und man könnte erwarten, daß ψ bei weiterer Zunahme der Geschwindigkeit über die Schallgeschwindigkeit hinaus noch weiter abfallen wird.

In der letzten Spalte der Zahlentafel 50 sind die nach der Gl. (106) berechneten Geschwindigkeitskoeffizienten für die Schaufel $b = 30$ mm zu finden.

Bei 400 m/sk wird

$$\psi = \infty\ 0{,}8.$$

Stodola fand für eine gleichbreite Schaufel mit demselben Ein- und Austrittwinkel und unveränderlichem Kanalquerschnitt (folglich hat die Schaufel eine Verstärkung in der Mitte), daß der Verlustkoeffizient zwischen 0,4 und 0,3 schwankt, woraus

$$\psi = \sqrt{\frac{1}{1 + 0{,}3}} = 0{,}875$$

und

$$\psi = \sqrt{\frac{1}{1 + 0{,}4}} = 0{,}845.$$

Der größere Koeffizient bezieht sich auf den Fall, daß die Schaufeln des Leitrades denen des Laufrades genau gegenüberstehen. Da hier eine Düse als Leitrad diente und der Dampfstrahl folglich auf seinem Wege stets auf Kanten stieß, so kann der obige ψ-Wert wohl nur mit dem kleineren, von Stodola aufgestellten verglichen werden. Der Unterschied beträgt 4,5 vH. Als Ursache dafür könnten zwei Umstände angeführt werden:

1) sind die Verluste in einem Kanal von überall gleichem Querschnitt stets kleiner als bei Kanälen, die in der Mitte eine Erweiterung aufweisen,

2) wird der auf die 0,5 mm breite Schaufelkante stoßende Dampfstrahl einen Teil seiner durch die Kanten vernichteten kinetischen Energie, und zwar $\cos \alpha = 0{,}866$, als Stoß auf die Schaufel übertragen und so den von ihr ausgeübten tangentialen Druck erhöhen. Der Einfluß dieser zwei Faktoren, zu 5 vH berechnet, könnte die beiden zu vergleichenden Werte als identisch anzusehen gestatten. Stodola scheint dem Bankischen Diagramm beizustimmen, aus dem hervorgeht, daß ψ mit der Abnahme der Geschwindigkeit wächst. Da dies jedoch zu dem früher beleuchteten Widerspruch führt und es Stodola nicht gelang, seine Richtigkeit durch Versuche nachzuweisen, so dürfte die in der vorliegenden Arbeit aufgestellte Abhängigkeit des Geschwindigkeitskoeffizienten von der Geschwindigkeit selbst als zutreffend angesehen werden können. Diese Annahme wird noch durch einen kürzlich veröffentlichten Aufsatz des Direktors der Görlitzer Maschinenbauanstalt gestützt, in dem ähnliche Ergebnisse bei Ermittlung der günstigsten Stufenzahl der Zollyturbine angeführt werden. Der indizierte Wirkungsgrad dieser Turbine (bei seiner Aufstellung wurden nur die Verluste in den Lauf- und Leiträdern berücksichtigt, während die Radreibungsarbeit zu den mechanischen Verlusten gezählt wurde) erhielt sein Höchstwert bei 20 bis 30 Stufen. Bei 10 und 40 Stufen dagegen fiel er.

Hat sich der indizierte Wirkungsgrad mit Zunahme der Stufenzahl verkleinert, so kann das nur eine Folge der Abnahme von ψ bei kleineren Geschwindigkeiten sein, da, wenn ψ sogar als unveränderlich angesehen würde, der indizierte Wirkungsgrad wachsen müßte, um so mehr also, wenn ψ mit der Geschwindigkeit steigt. Sollten auch einige der oben auf experimentellem Wege festgelegten Koeffizienten zu niedrig ausgefallen sein, so dürfte dennoch die gegenseitige Abhängigkeit der ψ bedingenden Faktoren in ihrer Gesetzmäßigkeit keine Einbuße erleiden.

Schlußbemerkung.

Zum Schluß möge noch eine kurze Uebersicht über die aus den Versuchen gezogenen Schlüsse gegeben sein:

1) Mit Hülfe der Messung des auf der Platte der Wage ausgeübten Reaktionsdruckes des austretenden Dampfes läßt sich der Geschwindigkeitskoeffizient in der Düse nach der Formel bestimmen:

$$q = \sqrt{\frac{1}{\left(\dfrac{\varkappa}{\varkappa-1}\,\dfrac{2\,F}{R}\,p + 1\right)\left[1 - \left(\dfrac{p}{p_1}\right)^{\frac{\varkappa-1}{\varkappa}}\right]}}\,.$$

Die Temperatur des Dampfes im Ausflußkessel kann keinen Einfluß auf den Reaktionsdruck ausüben, da letzterer bei reibungsfreier Expansion nur von den Drücken p und p_1 abhängt:

$$R = 2\,F\,\frac{\varkappa}{\varkappa-1}\,p\left[\left(\frac{p_1}{p}\right)^{\frac{\varkappa-1}{\varkappa}} - 1\right]$$

2) Die günstigste Dampfstrahlstärke, mit der eine Schaufel beaufschlagt werden kann, ist gleich dem halben Krümmungshalbmesser der Schaufel.

3) Die günstigste Teilung ist:

$$\tau_g = \frac{r}{2\,\sin\alpha}\,.$$

4) Für Schaufeln mit dem Eintrittwinkel $\alpha = 30^0$ ist die günstigste Teilung gleich dem Krümmungshalbmesser der Schaufel.

5) Der günstigste Eintrittwinkel, unter Berücksichtigung aller Widerstände, liegt bei $\alpha = 30^0$. Bei 20^0 sind die Verluste um rund 1 vH, bei 40^0 um rund 3 vH größer.

6) Bei großen Schaufeln sind die Verluste kleiner, folglich ist der Geschwindigkeitskoeffizient größer und nimmt in gewissen Grenzen auf je 1 cm weiterer Schaufelbreite um 8 vH zu.

7) Die Anwendung hoher Ueberhitzung ist zweckmäßig für die Herabsetzung des Widerstandskoeffizienten in den Schaufeln.

8) Der Geschwindigkeitskoeffizient ψ steigt bei Geschwindigkeiten unterhalb der Schallgeschwindigkeit mit deren Zunahme. Deshalb kann die Stufenzahl einer Turbine nicht über einen bestimmten Wert hinaus gewählt werden, ohne ihren Wirkungsgrad ungünstig zu beeinflussen.

9) Die Abhängigkeit des Geschwindigkeitskoeffizienten von der Schaufelbreite und der Geschwindigkeit selbst ist gegeben durch

$$\psi = \sqrt{\frac{1}{1,44 + 6\,\dfrac{1}{\sqrt{w}}}} - 0{,}08\,(2{,}5 - b),$$

wobei b in cm und w in m ausgedrückt.